ECONOMETRIA:

MODELOS MULTIVARIANTES DE SERIES TEMPORALES, ECUACIONES SIMULTÁNEAS Y MODELOS NO LINEALES

César Pérez López

ÍNDICE

Capítulo 1

MODELOS LINEALES MULTIECUACIONALES. ECUACIONES SIMULTÁNEAS

1.1 MODELOS LINEALES MULTIECUACIONALES. FORMA ESTRUCTURAL Y ECUACIONES SIMULTÁNEAS

Un modelo lineal multiecuacional completo se puede definir en su forma estructural mediante el siguiente sistema de ecuaciones:

$$\begin{cases} \alpha_{11}y_{1t} + \alpha_{12}y_{2t} + \cdots + \alpha_{1G}y_{Gt} + \beta_{11}x_{1t} + \cdots + \beta_{1K}x_{kt} = u_{1t} \\ \alpha_{21}y_{1t} + \alpha_{22}y_{2t} + \cdots + \alpha_{2G}y_{Gt} + \beta_{21}x_{1t} + \cdots + \beta_{2K}x_{kt} = u_{2t} \\ \cdots\cdots\cdots\cdots\cdots\cdots\cdots\cdots\cdots\cdots\cdots\cdots\cdots\cdots\cdots \\ \alpha_{G1}y_{1t} + \alpha_{G2}y_{2t} + \cdots + \alpha_{GG}y_{Gt} + \beta_{G1}x_{1t} + \cdots + \beta_{GK}x_{kt} = u_{Gt} \end{cases}$$

El subíndice t puede tomar los valores 1,2,..., n. Las variables del vector fila $y_t \equiv [y_{1t}\ \ y_{2t}\ \cdots y_{Gt}]$ son las *variables endógenas sin retardos del modelo.* Las variables del vector fila $x_t \equiv [x_{1t}\ \ x_{2t}\ \cdots x_{kt}]$ son las *variables predeterminadas o explicativas del modelo*, que incluyen todas las variables exógenas y las endógenas retardadas. Las variables del vector fila $u_t \equiv [u_{1t}\ \ u_{2t}\ \cdots u_{Gt}]$ son las *perturbaciones aleatorias* que figuran en las G ecuaciones del modelo.

El sistema anterior se expresa en forma matricial como sigue:

$$\begin{bmatrix} \alpha_{11} & \cdots & \alpha_{1G} \\ \vdots & \ddots & \vdots \\ \alpha_{G1} & \cdots & \alpha_{GG} \end{bmatrix} \begin{bmatrix} y_{1t} \\ \vdots \\ y_{Gt} \end{bmatrix} + \begin{bmatrix} \beta_{11} & \cdots & \beta_{1k} \\ \vdots & \ddots & \vdots \\ \beta_{G1} & \cdots & \beta_{Gk} \end{bmatrix} \begin{bmatrix} x_{1t} \\ \vdots \\ x_{kt} \end{bmatrix} = \begin{bmatrix} u_{1t} \\ \vdots \\ u_{Gt} \end{bmatrix}$$

Utilizando notación matricial, el sistema se expresa de la siguiente forma:

$$Ay'_t + Bx'_t = u'_t$$

A es la matriz de los coeficientes de las variables endógenas y B la matriz de los coeficientes de las variables predeterminadas del modelo (exógenas y endógenas retardadas). Tenemos:

$$A = \begin{bmatrix} \alpha_{11} & \cdots & \alpha_{1G} \\ \vdots & \ddots & \vdots \\ \alpha_{G1} & \cdots & \alpha_{GG} \end{bmatrix} \quad B = \begin{bmatrix} \beta_{11} & \cdots & \beta_{1k} \\ \vdots & \ddots & \vdots \\ \beta_{G1} & \cdots & \beta_{Gk} \end{bmatrix}$$

Uno de los requisitos que debe satisfacer un modelo multiecuacional es que el número de variables explicables debe ser igual al número de relaciones independientes del modelo.

Se dice que un modelo constituye un *sistema de ecuaciones simultáneas* si todas las ecuaciones son necesarias para determinar el valor al menos de una de las variables endógenas incluidas en el modelo. Ello implica que, al menos, una de las relaciones incluye más de una variable endógena.

Las *especificaciones del modelo lineal multiecuacional* son las siguientes:

- La matriz cuadrada A tiene que tener determinante no nulo.
- La función de densidad conjunta de las perturbaciones aleatorias condicionada a las variables predeterminadas es independiente de los valores que tomen las variables predeterminadas, esto es, $Q_1(u_{11},\ldots,u_{Gn}/x_{11},\ldots,x_{kn}) = Q_u(u_{11},\ldots,u_{Gn})$.
- $Q_u(u_{11},\ldots,u_{Gn}) = Q_{u1}(u_{11},\ldots,u_{G1})\cdots Q_{un}(u_{1n},\ldots,u_{Gn})$, o lo que es lo mismo, independencia mutua de las perturbaciones sucesivas (densidad conjunta del vector de las perturbaciones aleatorias igual a producto de marginales). Si las densidades son iguales se tiene que $Q_u(u_{11},\ldots,u_{Gn}) = [Q_{ut}(u_{1t},\ldots,u_{Gt})]^n \ \forall t$.

- $E(u_t) = [E(u_{1t}) \cdots E(u_{GT})] = [0 \cdots 0] = 0_{1xG} \quad \forall t$, que es una generalización de la hipótesis del modelo uniecuacional de esperanza nula de las perturbaciones aleatorias $E(u_{1t}) = E(u_{2t}) = \cdots = E(u_{GT}) = 0, \quad \forall t$.

- La matriz Σ de varianzas y covarianzas de las perturbaciones aleatorias es simétrica e independiente de *t*, o sea, $E(U_{it}U_{jt}) = E(U_{jt}U_{it}) = \sigma_{ij} = \sigma_{ji}, \quad \forall t$ y $E(U_{it}U_{jt}) = \sigma_{ii} = \sigma_i^2, \quad \forall t$. Esta hipótesis puede considerarse como una generalización de la hipótesis de homoscedasticidad del modelo uniecuacional.

$$\Sigma = \begin{bmatrix} \sigma_{11} & \sigma_{12} & \cdots & \sigma_{1G} \\ \sigma_{12} & \sigma_{22} & \cdots & \sigma_{2G} \\ \vdots & \vdots & \ddots & \vdots \\ \sigma_{1G} & \sigma_{2G} & \cdots & \sigma_{GG} \end{bmatrix}$$

- Las perturbaciones aleatorias no están correlacionadas serialmente, en tanto en cuanto $E(U_{it}U_{j(t-1)}) = E(U_{it}U_{j(t-2)}) = \cdots = 0 \quad \forall i \neq j$. Esta hipótesis es una generalización de la no autocorrelación en el modelo uniecuacional.

- La distribución conjunta de las *G* perturbaciones aleatorias $Q_{ut}(u_{1t}, \ldots, u_{Gt})$ es normal $\forall t$, que es una generalización de la hipótesis de normalidad en el modelo uniecuacional.

- $E(U_{it}, x_{jt'}) = 0$ para todo i = {1,2,…,*G*}, *j* = {1,2,…,*k*} y *t, t'* = {1,2,…,*n*}, es decir, independencia de las perturbaciones aleatorias y las variables predeterminadas, lo que resulta ser una generalización de la propiedad del modelo uniecuacional de variables explicativas x_{it} no estocásticas.

1.2 MODELO MULTIECUACIONAL EN FORMA REDUCIDA

Considerando la especificación Si $|A| \neq 0$ puede escribirse el modelo original en forma reducida, expresando cada variable endógena y_{it} en función de las variables explicativas o predeterminadas y de las perturbaciones aleatorias. Esto se consigue premultiplicando los dos miembros del modelo inicial por la matriz de *A*, se tiene:

$$Ay'_t + Bx'_t = u'_t \Rightarrow A^{-1}Ay'_t + A^{-1}Bx'_t = A^{-1}u'_t \Rightarrow y'_t = -A^{-1}Bx'_t + A^{-1}u'_t$$

Si ahora hacemos $\pi = -A^{-1}B$ y $v'_t = A^{-1}u'_t$, que corresponden, respectivamente, a una matriz de coeficientes de orden $G \times K$ y a un vector de variables aleatorias (combinaciones lineales de las perturbaciones aleatorias u_t) de orden $G \times 1$, se obtienen la ecuación matricial en forma reducida siguiente:

$$y'_t = \pi x'_t + v'_t$$

En forma de matrices tenemos:

$$\pi = \begin{bmatrix} \pi_{11} & \cdots & \pi_{1K} \\ \vdots & \ddots & \vdots \\ \pi_{G1} & \cdots & \pi_{GK} \end{bmatrix} \qquad v_t \equiv \begin{bmatrix} v_{1t} & \cdots & v_{Gt} \end{bmatrix}$$

La ecuación reducida en forma matricial se expresa como:

$$\begin{bmatrix} y_{1t} \\ \vdots \\ y_{Gt} \end{bmatrix} = \begin{bmatrix} \pi_{11} & \cdots & \pi_{1K} \\ \vdots & \ddots & \vdots \\ \pi_{G1} & \cdots & \pi_{GK} \end{bmatrix} \begin{bmatrix} x_{1t} \\ \vdots \\ x_{Kt} \end{bmatrix} + \begin{bmatrix} v_{1t} \\ \vdots \\ v_{Gt} \end{bmatrix}$$

Por tanto, la expresión del modelo en forma reducida es la siguiente:

$$\begin{cases} y_{1t} = \pi_{11} x_{1t} + \cdots + \pi_{1K} x_{Kt} + v_{1t} \\ \cdots\cdots\cdots\cdots\cdots\cdots\cdots\cdots\cdots\cdots \\ y_{Gt} = \pi_{G1} x_{1t} + \cdots + \pi_{GK} x_{Kt} + v_{Gt} \end{cases}$$

La hipótesis de esperanza nula de las perturbaciones aleatorias se transforma en $E(v_{1t}) = \cdots = E(v_{Gt}) = 0$.

La hipótesis de homoscedasticidad permite calcular la matriz de varianzas y covarianzas de las perturbaciones de la forma reducida como sigue:

$$\Omega \equiv E(v'_t\, v_t) = E(A^{-1}u'_t)(A^{-1}u'_t)' = EA^{-1}u'_t\, u_t (A^{-1})' = A^{-1}E(u'_t\, u_t)(A^{-1}) = A^{-1}\Sigma(A^{-1})'$$

Se cumple que si la matriz Σ de las covarianzas de las perturbaciones ordinarias es no singular, también goza de esta propiedad la matriz de las covarianzas de las perturbaciones de la forma reducida.

1.3 IDENTIFICACIÓN DE MODELOS ESTRUCTURALES DE ECUACIONES SIMULTÁNEAS. ESTIMACIÓN MCI

Un modelo de ecuaciones simultáneas es identificable si pueden obtenerse efectivamente estimadores con significado real de los parámetros estructurales del modelo.

El problema concreto se presenta al intentar calcular los parámetros estructurales α_{ij} y β_{ij} del modelo original, a partir del conocimiento de la ecuación matricial $\pi = -A^{-1}B$ una vez estimado el modelo en forma reducida. Tras haber estimado por mínimos cuadrados ordinarios los coeficientes π_{ij} que constituyen los elementos de la matriz π, hay que calcular los parámetros α_{ij} y β_{ij} del modelo original resolviendo el sistema de ecuaciones $\pi = -A^{-1}B$. Se trata de un sistema de GK ecuaciones (tantas como elementos α_{ij} tiene la matriz π) con $G(G\text{-}1)+GK$ incógnitas correspondientes al número de parámetros estructurales del sistema inicial (después de dividir por un α_{ij} perteneciente a la ecuación los dos miembros de cada una de las ecuaciones lineales del modelo).

Para que el sistema de ecuaciones lineales tenga solución, es necesario que el número de incógnitas sea igual o mayor que el número de ecuaciones (una vez satisfecha la condición de no nulidad del correspondiente determinante de los coeficientes). Pero si existen más incógnitas que ecuaciones, existen también infinitas soluciones, es decir, se trata de un sistema compatible indeterminado. Este es, en principio, el caso habitual, ya que $G(G\text{-}1)+GK$ excede al número de ecuaciones en $G(G\text{-}1)$. Sin embargo, en la práctica, no figuran todas las variables en cada una de las ecuaciones del modelo inicial, ya que existen parámetros α_{ij} y β_{ij} nulos, es decir, pueden existir *restricciones a priori en los parámetros del modelo*. Las restricciones a priori también pueden ser otras limitaciones que afecten a los valores de los parámetros estructurales (parámetros iguales, positivos o relacionados funcionalmente entre sí) lo que puede restringir el grado de indeterminación e incluso hacer que el sistema sea incompatible.

El modelo inicial de ecuaciones estructurales es *exactamente identificable* si el sistema $\pi = -A^{-1}B$ es compatible determinado, es *no identificable* si el sistema es compatible indeterminado y es *superidentificable* si el sistema es incompatible. El problema de la identificación consiste en determinar las ecuaciones estructurales a partir de las ecuaciones de la forma reducida, cada una de las cuales es una ecuación de regresión múltiple lineal que puede ser estimada. Si todas y cada una de las ecuaciones de la forma estructural es identificable se dice que el modelo es identificable.

Dado que, en general, $G(G-1)+GK > GK$, para que una ecuación de la forma estructural pueda identificarse, es necesario que exista un número suficiente de restricciones a priori sobre las matrices A y B, así como sobre la matriz de varianzas y covarianzas Σ del vector u_t. Supongamos ahora que en virtud de la existencia de restricciones a priori en los parámetros estructurales, la ecuación h-ésima del modelo original contiene solamente G' variables endógenas y K' variables predeterminadas, en lugar de las G y K, respectivamente, que figuran en el conjunto de ecuaciones del modelo.

Por otra parte, y teniendo en cuenta que no existe ninguna razón que impida asignar los subíndices 1, 2, ..., G' a las variables endógenas que figuran en la ecuación h-ésima y los subíndices 1, 2, ..., K' a las variables explicativas existentes en la misma ecuación, la relación estructural se puede presentar realmente en la forma:

$$\alpha_{h1} y_{1t} + \cdots + \alpha_{hG'} y_{G't} + \beta_{h1} x_{1t} + \cdots + \beta_{hK'} x_{K't} = u_{ht} .$$

La parte de ecuación h-ésima que figura en el modelo original y no se encuentra formulada en la ecuación anterior viene dada por:

$$\left(\alpha_{h \cdot G'+1} y_{G'+1 \cdot t} + \cdots + \alpha_{hG} y_{Gt}\right) + \left(\beta_{h \cdot K'+1} x_{K'+1 \cdot t} + \cdots + \beta_{hK} x_{Kt}\right)$$

Ello quiere decir que deben ser nulos los $G''= G-G'$ parámetros estructurales que son coeficientes de las variables endógenas de esta expresión, así como los $K''=K-K'$ parámetros estructurales que afectan a las variables predeterminadas, es decir, $\alpha_{h \cdot G'+1} = \cdots = \alpha_{hG} = \beta_{h \cdot K'+1} = \cdots = \beta_{hK} = 0$.

Los coeficientes de $\alpha_{h1} y_{1t} + \cdots + \alpha_{hG'} y_{G't} + \beta_{h1} x_{1t} + \cdots + \beta_{hK'} x_{K't} = u_{ht}$ deben calcularse a partir del conocimiento de la matriz π de la forma reducida. Premultiplicando por la matriz A los dos miembros de $y'_t = \pi x'_t + v'_t$, se obtiene $Ay'_t = A\pi x'_t + Av'_t$. Al expresar más detalladamente la fila h-ésima de esta ecuación matricial, puede escribirse la igualdad:

$$\left(\alpha_{h1} y_{1t} + \cdots + \alpha_{hG'} y_{G't}\right) + \left(\alpha_{h \cdot G'+1} y_{G'+1 \cdot t} + \cdots + \alpha_{hG} y_{Gt}\right) = \left[\alpha_{h1} \cdots \alpha_{h \cdot G'+1} \cdots \alpha_{hG}\right] \pi x'_t + \sum_{i=1}^{G} \alpha_{hi} v_{it}$$

que debe coincidir con la ecuación estructural correspondiente. Tenemos entonces:

$$\left(\alpha_{h1} y_{1t} + \cdots + \alpha_{hG'} y_{G't}\right) + \left(\alpha_{h \cdot G'+1} y_{G'+1 \cdot t} + \cdots + \alpha_{hG} y_{Gt}\right) = -\left[\beta_{h1} \cdots \beta_{h \cdot K} \beta_{hK'+1} \cdots \beta_{hK}\right] x'_t + u_{ht}$$

Al igualar, término a término, las dos ecuaciones anteriores, tenemos:

$$-[\alpha_{h1} \cdots \alpha_{hG}]\pi = [\beta_{h1} \cdots \beta_{hK}]$$

Esta ecuación matricial es el punto de partida para deducir los parámetros estructurales de la relación h-ésima en función de los coeficientes que figuran como elementos de la matriz π.

En el sistema de ecuaciones que permite calcular los parámetros estructurales suele ser conveniente efectuar el particionamiento siguiente:

$$\pi = \begin{bmatrix} \pi_1 \\ \pi_2 \end{bmatrix} = [\pi' \quad \pi''] = \begin{bmatrix} \pi'_1 & \pi''_2 \\ \pi'_2 & \pi''_2 \end{bmatrix}$$

donde π_1 es la matriz de los coeficientes correspondientes a las G' primeras ecuaciones de la forma reducida, π_2 tiene como elementos los coeficientes de las $G'' = G - G'$ últimas ecuaciones de la forma reducida, π' viene determinada por los coeficientes de las variables predeterminadas (exógenas y endógenas desplazadas) $x_{1t}, \cdots, x_{K't}$ y π'' por los correspondientes a $x_{K'+1t}, \cdots, x_{Kt}$. Tenemos:

$$\pi'_1 = \begin{bmatrix} \pi_{11} & \cdots & \pi_{1K'} \\ \vdots & \ddots & \vdots \\ \pi_{G'1} & \cdots & \pi_{G'K'} \end{bmatrix} \text{ y } \pi''_1 = \begin{bmatrix} \pi_{1 \cdot K'+1} & \cdots & \pi_{1K} \\ \vdots & \ddots & \vdots \\ \pi_{G' \cdot K'+1} & \cdots & \pi_{G'K} \end{bmatrix}$$

Las matrices π'_2 y π''_2 son las matrices que completan, con las π'_1 y π''_1 respectivamente, las π' y π'' anteriormente definidas.

Por tanto, la ecuación $-[\alpha_{h1} \cdots \alpha_{hG}]\pi = [\beta_{h1} \cdots \beta_{hK}]$ puede ahora escribirse en la forma:

$$-[\alpha_{h1} \cdots \alpha_{hG'} \quad \alpha_{h \cdot G'+1} \cdots \alpha_{hG}] \begin{bmatrix} \pi' & \pi''_1 \\ \pi'_2 & \pi''_2 \end{bmatrix} = [\beta_{h1} \cdots \beta_{hK'} \quad \beta_{h \cdot K'+1} \cdots \beta_{hK}]$$

de donde se deduce que:

$$-(\alpha_{h1} \cdots \alpha_{hG'})\pi'_1 - (\alpha_{h \cdot G'+1} \cdots \alpha_{hG})\pi'_2 = (\beta_{h1} \cdots \beta_{hK'})$$

$$-(\alpha_{h1} \cdots \alpha_{hG'})\pi''_1 - (\alpha_{h \cdot G'+1} \cdots \alpha_{hG})\pi''_2 = (\beta_{h \cdot K'+1} \cdots \beta_{hK})$$

o lo que es lo mismo:

$$-(\alpha_{h1} \cdots \alpha_{hG'})\pi'_1 = (\beta_{h1} \cdots \beta_{hK'})$$
$$-(\alpha_{h1} \cdots \alpha_{hG'})\pi''_1 = (0 \cdots 0)$$

Con estas ecuaciones puede resolverse el problema de calcular los parámetros estructurales originales en función de los coeficientes de las ecuaciones de la forma reducida estimados por MCO. Esta forma de estimar los parámetros del modelo estructural inicial constituye la *estimación por mínimos cuadrados indirectos (MCI).*

Precisando un poco más lo expuesto antes, se puede deducir una *condición necesaria de identificabilidad* a partir del sistema $-(\alpha_{h1} \cdots \alpha_{hG'})\pi'_1 = (\beta_{h1} \cdots \beta_{hK'})$, que desarrollado queda como sigue.

$$\begin{cases} \alpha_{h1}\pi_{1\cdot K'+1} + \cdots + \alpha_{hG'}\pi_{G'\cdot K'+1} = 0 \\ \cdots\cdots\cdots\cdots\cdots\cdots\cdots\cdots\cdots \\ \alpha_{h1}\pi_{1K} \quad + \cdots + \alpha_{hG'}\pi_{G'K} \quad = 0 \end{cases}$$

Estamos ante un sistema de $K'' = K - K'$ ecuaciones con G' incógnitas. Las incógnitas del sistema son los parámetros estructurales $\alpha_{h1}, \cdots, \alpha_{hG'}$ y el sistema es compatible sólo si el rango de la matriz de los coeficientes π''_1 es inferior al número de incógnitas G' (no olvidemos que se trata de un sistema homogéneo). Si el sistema es compatible consideramos dos casos diferentes:

a) Rango de $\pi''_1 = G' - 1$
b) Rango de $\pi''_1 < G' - 1$

En el caso a), dividiendo los términos de cada ecuación por α_{h1}, por ejemplo, se pasa a un sistema ordinario de ecuaciones y se dice que *la ecuación h-ésima es exactamente identificable.* En el caso b) el sistema no homogéneo resultante de dividir por α_{h1} es indeterminado y, al existir distintos conjuntos de valores $(\alpha_{h1}, \cdots, \alpha_{hG'})$ que satisfagan las condiciones del problema, se dice que *la ecuación h-ésima no es identificable.* En el caso de que una ecuación sea exactamente identificable es posible estimarla por el método de los mínimos cuadrados indirectos (MCI), estimando primero las ecuaciones de la forma reducida y relacionando los coeficientes π_{ij} con los parámetros de la forma estructural mediante la ecuación matricial $\pi = -A^{-1}B$.

Por otro lado, si rango de $\pi''_1 > G' - 1$, el sistema es incompatible y en este caso se dice que la relación h-ésima también es identificable (superidentificable). Puede afirmarse entonces que la condición necesaria de identificabilidad de una relación estructural es que el número *K''* de variables explicativas (no pertenecientes a la ecuación aunque sí al modelo) sea igual o mayor que el número de variables endógenas de la relación menos una. La regla anterior equivale a admitir que la ecuación h-ésima es identificable si se verifica que $K'' \geq G' -1$. Pero sumando *G''* a los dos miembros de esta expresión, y teniendo en cuenta que $G'' = G - G'$, se tiene: $K'' + G'' \geq G - 1$. La condición $K'' \geq G' -1$, no tiene carácter suficiente porque las *K''* ecuaciones pueden no ser independientes, es decir, puede que contengan coeficientes en menor número que *G'*.

Hasta aquí hemos hablado sólo de condiciones necesarias de identificabilidad. Para determinar la *condición necesaria y suficiente de identificabilidad de una relación estructural lineal*, Koopman, Rubin y Leipnik demuestran un teorema en el que se concluye que la matriz deducida de la *matriz AB* de todos los parámetros estructurales que figuran en el modelo $Ay'_t + Bx'_t = u'_t$ formada por las columnas en las que existan restricciones del tipo $\alpha_{ii} = 0$ o $\beta_{ii} = 0$, sea de rango o características igual a G -1. De esta afirmación se deduce que el número de restricciones de la ecuación h-ésima sea al menos igual al número de relaciones estructurales menos una, lo que está en la condición necesaria de identificabilidad expresada anteriormente.

La condición necesaria y suficiente para la identificabilidad de una ecuación estructural de un modelo lineal fue formulada por Koopmans de la siguiente forma:

Una *condición necesaria y suficiente para la identificabilidad de una ecuación estructural perteneciente a un modelo lineal de G ecuaciones*, restringido solamente por la exclusión de algunas variables en algunas ecuaciones, es que se pueda formar al menos un determinante no nulo de orden G – 1 con los coeficientes del sistema, dispuestos correctamente, correspondientes a las variables excluidas de la ecuación estructural que aparecen en las otras G – 1 ecuaciones estructurales.

1.4 ESTIMACIÓN DE MODELOS LINEALES DE ECUACIONES SIMULTÁNEAS

Las distintas técnicas econométricas utilizadas para la estimación de los parámetros estructurales de un modelo lineal determinado por un sistema de ecuaciones simultáneas pueden ser de información completa (estimadores de sistema) o de información limitada, según se realice simultáneamente la estimación de todas las ecuaciones del modelo o, por el contrario, se proceda a estimar ecuación por ecuación.

Al grupo de *técnicas de información completa* pertenece el método de máxima verosimilitud con información completa, el método de las regresiones aparentemente relacionadas RANR o SUR, el método de los mínimos cuadrados en tres etapas MC3E, el método de los mínimos cuadrados en dos etapas ponderados, el método generalizado de los momentos con corrección de White y el método HAC.

Al grupo de *técnicas de información limitada* pertenece el método de los mínimos cuadrados indirectos (MCI), el método de variables instrumentales, el método de los mínimos cuadrados bietápicos MC2E y los modelos recursivos.

1.4.1 Mínimos cuadrados indirectos

El método de estimación de los mínimos cuadrados indirectos MCI ya ha sido expuesto al estudiar el problema de la identificación. Se utiliza en el caso de ecuaciones exactamente identificables y existe solución única para la estimación de los parámetros estructurales.

El método MCI consiste, en primer término, en estimar cada una de las ecuaciones de la forma reducida $y'_t = \pi x'_t + v'_t$ por el método de los mínimos cuadrados ordinarios MCO. Por ejemplo, el estimador de ecuación i-ésima

$$y_{it} = \pi_{i1}x_{1t} + \pi_{i2}x_{2t} + \cdots + \pi_{ik}x_{kt} + v_{it}$$

es el estimador $\pi_i = p_i = [X'X]^{-1} X'Y_i$, donde Y_i es el vector columna de elementos $\{y_{i1}, y_{i2}, \cdots, y_{in}\}$.

Dado que las perturbaciones de la forma reducida son combinaciones lineales de las perturbaciones estructurales cumplen todos los supuestos del modelo clásico de regresión lineal. Las variables predeterminadas son no estocásticas o, en caso de tener este carácter, son independientes de las perturbaciones en el mismo periodo.

En segundo término, los parámetros $\alpha_{h1} \cdots \alpha_{hG}$, de una ecuación h-ésima (exactamente identificable) se estiman resolviendo un sistema del tipo $-(\alpha_{h1} \cdots \alpha_{hG'})\pi''_1 = (0 \cdots 0)$ y, una vez calculados estos valores, los estimadores de $\beta_{h1} \cdots \beta_{hK}$, se obtienen resolviendo el sistema $-(\alpha_{h1} \cdots \alpha_{hG'})\pi'_1 = (\beta_{h1} \cdots \beta_{hK'})$.

1.4.2 Variables instrumentales

El método de estimación de un modelo multiecuacional por variables instrumentales MVI tiene un planteamiento similar al método de los mínimos cuadrados indirectos MCI, ya que permite estimar una ecuación única perteneciente a un sistema multiecuacional y exactamente identificada. La diferencia esencial estriba en que este método realiza la estimación por variables instrumentales de cada ecuación del modelo en su forma estructural, mientras que el método MCI realiza la estimación por MCO de cada ecuación del modelo en su forma reducida. En el caso de ecuaciones exactamente identificadas, los métodos de estimación MCI y MVI llevan a los mismos estimadores para los parámetros estructurales, pero en MVI es más sencillo el cálculo de la varianza de los estimadores.

Un instrumento para una ecuación del modelo estructural multiecuacional es una variable I que sustituye a una variable explicativa problemática de la ecuación, que se comporta como exógena y cuya covarianza con la perturbación aleatoria de la ecuación es nula $Cov(I,u) = 0$. Además, debe presentar una relación muy significativa tanto con la variable endógena Y como con la variable explicativa X a la que sustituye en la ecuación del modelo, es decir, $Cov(I,Y) \neq 0$ y $Cov(I,X) \neq 0$. Además, el instrumento para una ecuación ha de ser una variable que pertenezca a alguna de las ecuaciones del modelo estructural.

Como caso más sencillo consideramos una ecuación del modelo estructural consistente en un modelo de regresión múltiple lineal en el que una de las variables explicativas es la propia variable endógena desplazada $Y_t = \alpha + \beta_1 X_t + \beta_2 Y_{t-1} + u_t$ en la que se supone $E(X_t u_t) = 0$, pero no puede suponerse $E(Y_{t-1} u_t) = 0$. El modelo en forma matricial puede expresarse mediante $Y = BX + u$ con $X = (X_0, X_t, Y_{t-1})$ y $X_0=1$ $\forall t$.

El estimador por MCO es $\hat{B} = (X'X)^{-1} X'Y$

$$X'X = \begin{bmatrix} n & \sum X_t & \sum Y_{t-1} \\ \sum X_t & \sum X_t^2 & \sum X_t Y_{t-1} \\ \sum Y_{t-1} & \sum X_t Y_{t-1} & \sum Y_{t-1}^2 \end{bmatrix} \qquad X'Y = \begin{bmatrix} \sum Y_t \\ \sum X_t Y_t \\ \sum Y_{t-1} Y_t \end{bmatrix}$$

El método de las variables instrumentales consiste en reemplazar la variable problemática Y_{t-1} (que no estaba incorrelacionada con el error) por una variable instrumental Z perteneciente al modelo estructural, de modo que el estimador es ahora $\hat{B} = (Z'X)^{-1} Z'Y$ con $Z = (X_0, X_t, Z)$, $X = (X_0, Y_t, Y_{t-1})$ y $X_0=1$ $\forall t$. Se tiene:

$$Z'X = \begin{bmatrix} n & \sum X_t & \sum Z_t \\ \sum X_t & \sum X_t^2 & \sum X_t Z_t \\ \sum Z_t & \sum X_t Z_t & \sum Z_t^2 \end{bmatrix} \qquad Z'Y = \begin{bmatrix} \sum Y_t \\ \sum X_t Y_t \\ \sum Z_t Y_t \end{bmatrix}$$

La matriz de varianzas y covarianzas del estimador es ahora:

$$Cov(\hat{B}) = \hat{\sigma}^2 (Z'X)^{-1}(Z'Z)(X'Z)^{-1}$$

donde la varianza de las pertubaciones σ^2 puede estimarse como sigue.

$$\hat{\sigma}^2 = \frac{1}{n-3}[(Y - X\hat{B})'(Y - X\hat{B})$$

Es usual tomar como instrumento Z la variable X_{t-1} en lugar de Y_{t-1}.

Si consideramos la situación de una ecuación superidentificada, habría más de un instrumento, cada uno de los cuales nos llevaría a diferentes estimadores para los parámetros estructurales. La solución sería considerar una combinación lineal de los instrumentos, es decir, con las variables exógenas pertenecientes al modelo multiecuacional.

1.4.3 Mínimos cuadrados bietápicos

El método de los mínimos cuadrados bietápicos MC2E fue ideado por Theil. Se parte de la ecuación estructural h-ésima del modelo:

$$\alpha_{h1} y_{1t} + \cdots + \alpha_{hG'} y_{G't} + \beta_{h1} x_{1t} + \cdots + \beta_{hK'} x_{K't} = u_{ht}$$

Haciendo $\alpha_{h1} = 1$, y despejando y_{1t}, la ecuación toma la forma

$$y_{1t} = -\alpha_{h2} y_{2t} - \cdots - \alpha_{hG'} y_{G't} - \beta_{h1} x_{1t} - \cdots - \beta_{hk'} x_{k't} + u_{ht},$$

que puede escribirse en notación matricial como $y_1 = -Y_2 \alpha'_2 - X.\beta'. + u_h$

$$y_1 = \begin{bmatrix} y_{11} \\ \vdots \\ y_{in} \end{bmatrix}, \quad Y_2 = \begin{bmatrix} y_{21} & \cdots & y_{G'1} \\ \vdots & \ddots & \vdots \\ y_{2n} & \cdots & y_{G'n} \end{bmatrix}, \quad \alpha'_2 = \begin{bmatrix} \alpha_{h2} \\ \vdots \\ \alpha_{hG} \end{bmatrix},$$

$$X. = \begin{bmatrix} x_{11} & \cdots & x_{k't} \\ \vdots & \ddots & \vdots \\ x_{1n} & \cdots & x_{k'n} \end{bmatrix}, \ \beta'. = \begin{bmatrix} \beta_{h1} \\ \vdots \\ \beta_{hk'} \end{bmatrix} \text{ y } u_h = \begin{bmatrix} u_{h1} \\ \vdots \\ u_{hn} \end{bmatrix}.$$

La expresión anterior puede expresarse en la forma

$$y_1 = -\left(Y_2 - \hat{V}\right)\alpha'_2 - [X.\beta'. + \left(u - \hat{V}\alpha'_2\right)],$$

o bien

$$y_1 = -\left[\left(Y_2 - \hat{V}\right)X.\right]\begin{bmatrix} \alpha'_2 \\ \beta'. \end{bmatrix} + \left(u_h - \hat{V}\alpha'_2\right),$$

y aplicar a esta ecuación el método de estimación mínimo-cuadrático MCO.

Como $Y_2 - \hat{V}$ sólo depende de *X* y no incluye ninguna perturbación, no está correlacionada con $u_h - \hat{V}$, por lo que se puede estimar por *MCO*, gozando los estimadores de la propiedad de consistencia:

$$Y_2 - \hat{V} = \hat{Y}_2 = X\pi$$

Por tanto, podemos agrupar el trabajo de este método de los mínimos cuadrados bietápicos en dos etapas, tal y como su nombre indica.

1ª etapa: se aplica el método mínimo-cuadrático ordinario MCO a la forma reducida para calcular *V*.

2ª etapa: se aplica el método a $y_1 = -Y_2\alpha'_2 - X.\beta'. + u_h$ reemplazando Y_2 por $Y_2 - \hat{V}$, es decir, por $\hat{Y}_2$.

Theil justificó el método de la forma siguiente:

Si se conociese el vector de las perturbaciones de la forma reducida (correspondiente a Y_2) y éste fuese $\overline{V}$, por ejemplo, podría aplicarse el método mínimo-cuadrático a

$$y_1 = -\left(Y_2 - \overline{V}\right)\alpha'_2 - X.\beta'. + \left(u - \overline{V}\alpha'_2\right),$$

ya que al ser $Y_2 - \hat{V}$ una función lineal exacta de las variables exógenas, es decir, una relación no estocástica, no es válida la objeción de que algunas de las variables del segundo miembro de la ecuación a estimar no son independientes de las perturbaciones aleatorias. Aun cuando $E(Y_2 u_h) \neq 0$, $E(\hat{Y}_2 u_h) = 0$ dado que $E(\overline{Y}_2 u_h) = E(X\hat{\pi} u_h) = \hat{\pi} E(X u_h) = 0$.

$\overline{V}$ no se conoce, pero Theil lo estima a partir de $\hat{V}$ y demuestra que el error muestral tiende a cero cuando crece n bajo condiciones apropiadas.

Si los dos miembros de $y_1 = -[(Y_2 - \hat{V})X.]\begin{bmatrix} \alpha'_2 \\ \beta' \end{bmatrix}$ se premultiplican por $\begin{bmatrix} Y'_2 - \hat{V}' \\ X'. \end{bmatrix}$ se obtiene:

$$\begin{bmatrix} Y'_2 - \hat{V}' \\ X'. \end{bmatrix} y_1 = -\begin{bmatrix} Y'_2 - \hat{V}' \\ X'. \end{bmatrix} [(Y_2 - \hat{V})X.] \begin{bmatrix} a'. \\ b'. \end{bmatrix}$$

en donde los elementos de la última matriz corresponden a estimadores de los parámetros estructurales, se obtiene:

$$\begin{bmatrix} Y'_2 - \hat{V}' \\ X'. \end{bmatrix} y_1 = -\begin{bmatrix} Y'_2 - \hat{V}' \\ X'. \end{bmatrix} [(Y_2 - \hat{V})X.] \begin{bmatrix} a'. \\ b'. \end{bmatrix}$$

Desarrollando:

$$\begin{bmatrix} Y'_2 - \hat{V}' \\ X'. \end{bmatrix} y_1 = -\left[\begin{array}{c|c} Y'_2 Y_2 - Y'_2 \hat{V} - \hat{V}' Y_2 + \hat{V}'\hat{V} & Y'_2 X. - \hat{V}' X. \\ \hline X'. Y_2 - X' V & X'. X. \end{array} \right] \begin{bmatrix} a'_2 \\ b'. \end{bmatrix} =$$

$$= -\left[\begin{array}{c|c} Y'_2 Y_2 - \hat{V}'\hat{V} & Y'_2 X. \\ \hline X'. Y_2 & X'. X. \end{array} \right] \begin{bmatrix} a'_2 \\ b'. \end{bmatrix}$$

Las propiedades de las transposiciones de matrices y de las perturbaciones de la forma reducida, permiten probar que

$$X'\hat{V} = X'[Y - X(X'X)^{-1}X'Y = 0 = \hat{V}'X]$$

$$\hat{V}'\hat{V} = \hat{V}'(Y - Xb) = \hat{V}'Y - \hat{V}'Xb = \hat{V}'Y - 0b = \hat{V}'Y \ ;$$

$$\hat{V}'\hat{V} = \hat{V}'Y = Y'\hat{V} \ ,$$

También se tiene que

$$Y'\hat{V} = (b'X' + \hat{V}')\hat{V} = b'X'\hat{V} + \hat{V}'\hat{V} = \hat{V}'\hat{V}$$

De la primera expresión se deduce que $X'\hat{V}$ es cero, ya que se trata de una submatriz, de $X'\hat{V}$.

Ahora se puede deducir el valor que toma el vector de los estimadores paramétricos.

$$\begin{bmatrix} a'_2 \\ b'. \end{bmatrix} = -\left[\frac{Y'_2 Y_2 - \hat{V}'\hat{V} \,|\, Y'_2 X.}{X'Y_2 \qquad |\, X'X.}\right]^{-1} \begin{bmatrix} Y'_2 - \hat{V}' \\ X'. \end{bmatrix} y_1$$

Los ordenes de las submatrices son los siguientes:

$$\left\{\frac{(G'-1)(G'-1) \,|\, (G'-1)K'}{K'(G'-1) \,|\, K'K'}\right\}$$

Debe satisfacerse la desigualdad $K \geq G' + K' - 1$ para que exista la matriz inversa, ya que el segundo miembro determina el orden de la matriz cuadrada que se va a invertir, que no puede ser nunca mayor que el número de variables exógenas. En caso contrario la ecuación no es identificable.

Dentro de los supuestos corrientemente admitidos, los estimadores mínimo-cuadráticos en dos etapas o *MCB* no son insesgados para muestras finitas, a causa de la presencia de la matriz estocástica Y_2. Sin embargo, Theil asegura que dichos estimadores son asintóticamente insesgados, dentro de ciertas condiciones que deben cumplir las variables aleatorias del modelo.

Para la aplicación práctica pueden realizarse algunas simplificaciones en la operativa de obtención del resultado.

Podemos hacer $\alpha_{h1} = -1$ en la ecuación estructural en vez de $\alpha_{h1} = 1$, con lo que todos los términos negativos pasan a positivos.

Como $\hat{Y}_2 = Y_2 - \hat{V}$, podemos escribir

$$\hat{Y}'_2 \hat{Y}_2 = (Y'_2 - \hat{V}')(Y_2 - \hat{V}) = Y'_2 Y_2 - Y'_2 \hat{V} - \hat{V}' Y_2 + \hat{V}'\hat{V} = Y'_2 Y_2 - \hat{V}'\hat{V},$$

$$\hat{Y}'_2 \hat{Y}_2 = Y'_2 X(X'X)^{-1} X'X(X'X)^{-1} X'Y = Y'X(X'X)^{-1} X'Y,$$

$$X'\hat{Y} = X'.(Y - \hat{V}) = X'Y$$

El resultado de la estimación puede escribirse en la forma

$$\begin{bmatrix} \hat{a}'_2 \\ \hat{b}. \end{bmatrix} = \begin{bmatrix} \hat{Y}'_2 Y_2 & \hat{Y}' X. \\ X' Y_2 & X' X \end{bmatrix}^{-1} \begin{bmatrix} \hat{Y}'_2 \\ X'. \end{bmatrix} y_1$$

Se ha tenido en cuenta también que:

$$Y'_2 X'. = (\hat{Y}'_2 + \hat{V}')X'. = \hat{Y}'_2 X. \text{ al ser } \hat{V}' X. = X'\hat{V} = 0.$$

La matriz invertible del resultado se puede simplificar como sigue:

$$\begin{bmatrix} \hat{Y}'_2 & Y_2 & \hat{Y}'_2 & X. \\ X'. & Y_2 & X'. & X. \end{bmatrix} = \begin{bmatrix} \hat{Y}'_2 \\ X'. \end{bmatrix} \begin{bmatrix} \hat{Y}_2 & X. \end{bmatrix} = \hat{Z}'_2 \hat{Z}_2$$

donde

$$\hat{Z}_2 = \begin{bmatrix} \hat{Y}_2 & X. \end{bmatrix} = \begin{bmatrix} \hat{y}_{21} & \cdots & \hat{y}_{G'1} & x_{11} & \cdots & x_{k'1} \\ \hat{y}_{22} & \cdots & \hat{y}_{G'2} & x_{12} & \cdots & x_{k'2} \\ \vdots & \ddots & \vdots & \vdots & \ddots & \vdots \\ \hat{y}_{2n} & \cdots & \hat{y}_{G'n} & x_{1n} & \cdots & x_{k'n} \end{bmatrix}$$

La ecuación a estimar se puede expresar así:

$$y_1 = \left[\left(Y_2 - \hat{V}\right)X.\right]\begin{bmatrix} a'_2 \\ b'. \end{bmatrix} = \left[\hat{Y}_2 X.\right]c = \hat{Z}_2 c$$

Los estimadores *MC2E* son:

$$c = \left[\hat{Z}'_2\, \hat{Z}_2\right]^{-1} \hat{Z}'_2\, y_1.$$

Teniendo en cuenta que $\hat{Y}'_2 = X\left(X'X\right)^{-1} X'Y_2$ y que

$$\hat{Y}'_2\, \hat{Y}_2 = Y'_2\, X\left(X'X\right)^{-1} X'X\left(X'X\right)^{-1} X'Y_2 = Y'X\left(X'X\right)^{-1} X'Y_2$$

se facilita el cálculo del estimador de parámetros $\hat{c}$, obteniéndolo en función de valores observados Y_2 y X.

Es recomendable la siguiente disposición del cálculo:

$$\begin{bmatrix} \hat{a}'_2 \\ \hat{b}. \end{bmatrix} = \begin{bmatrix} \hat{Y}'_2 & Y_2 & \hat{Y}'_2 & X. \\ X'. & Y_2 & X'. & X. \end{bmatrix}^{-1} \begin{bmatrix} \hat{Y}'_2 \\ X'. \end{bmatrix} y_1 = \begin{bmatrix} M_1 & M_2 \\ M_3 & M_4 \end{bmatrix}^{-1} \begin{bmatrix} \hat{Y}'_2 \\ X'. \end{bmatrix} y_1$$

1.4.4 Modelos recursivos

Para que el modelo lineal completo $Ay'_t + Bx'_t = u'_t$ sea recursivo, la matriz A debe ser triangular. Asimismo, en la práctica se suele especificar además que los elementos de la diagonal de A sean unitarios $a_{11} = a_{22} = \cdots = a_{nn} = 1$. Adicionalmente $E\left(u_{1t}\right) = E\left(u_{2t}\right) = \cdots = E\left(u_{nt}\right) = 0$ y la matriz de varianzas y covarianzas de las perturbaciones aleatorias debe ser una matriz diagonal de la forma

$$\Sigma = \begin{bmatrix} \sigma^2 & 0 & 0 & \cdots & 0 \\ 0 & \sigma^2 & 0 & \cdots & 0 \\ 0 & 0 & \sigma^2 & \cdots & 0 \\ \vdots & \vdots & \vdots & \ddots & \vdots \\ 0 & 0 & 0 & 0 & \sigma^2 \end{bmatrix} = \sigma^2 I_n$$

Otra condición importante a cumplirse en un modelo recursivo es que las perturbaciones u_t deben ser no autocorrelacionadas con las $u_{t-\tau}(\tau > 0)$ y con las $u_{t'-\tau}(t \neq t')$, es decir, $E(u_t u_{t'-\tau}) = 0, \quad \forall \tau > 0$. Esta es una condición importante si entre las variables explicativas del modelo figuran variables endógenas con retardos.

Si se cumplen todas las condiciones anteriores, los estimadores obtenidos por MCO son consistentes y asintóticamente eficientes.

Como ejemplo consideramos el modelo recursivo con tres variables endógenas y dos exógenas siguiente:

$$\begin{cases} y_{1t} & & & + b_{11}x_{1t} + b_{12}x_{2t} = u_{1t} \\ a_{21}y_{1t} + & y_{2t} & & + b_{21}x_{1t} + b_{22}x_{2t} = u_{2t} \\ a_{31}y_{1t} & + a_{32}y_{2t} & + y_{3t} & + b_{31}x_{1t} + b_{32}x_{2t} = u_{3t} \end{cases}$$

Tenemos:

$$A = \begin{bmatrix} 1 & 0 & 0 \\ a_{21} & 1 & 0 \\ a_{31} & a_{32} & 1 \end{bmatrix}$$

Ha de cumplirse

$$E(u_{1t}) = E(u_{2t}) = E(u_{3t}) = 0 \text{, } \operatorname{cov}(u_{1t}, u_{2t}) = \operatorname{cov}(u_{1t}, u_{3t}) = \operatorname{cov}(u_{2t}, u_{3t}) = 0$$
$$D^2(u_{1t}) = D^2(u_{2t}) = D^2(u_{3t}) = \sigma^2 \text{, } E(u_t u_{t'-\tau}) = 0, \quad \forall \tau > 0 .$$

siendo la matriz de varianzas covarianzas del error:

$$\Sigma = \begin{bmatrix} \sigma^2 & 0 & 0 \\ 0 & \sigma^2 & 0 \\ 0 & 0 & \sigma^2 \end{bmatrix}$$

En nuestro sistema de tres ecuaciones simultáneas, la primera ecuación $y_{1t} = -b_{11}x_{1t} - b_{12}x_{2t} + u_{1t}$ es un modelo uniecuacional que, en general, es posible estimar por MCO. Aunque y_{1t} es función de la perturbación u_{1t}, como

$E(u_{1t}, u_{2t}) = 0$, u_{1t} y u_{2t}, no están correlacionadas, pudiendo y_{1t} jugar el papel de una variable no estocástica (o variable explicativa) en la estimación del modelo uniecuacional $y_{2t} = -a_{21}y_{1t} - b_{21}x_{1t} - b_{22}x_{2t} + u_{2t}$ que es, por tanto, una ecuación estimable por *MCO*. Por razones análogas, también puede estimarse por *MCO* la tercera ecuación $y_{3t} = -a_{31}y_{1t} - b_{32}y_{2t} - b_{31}x_{1t} - b_{32}x_{2t} + u_{3t}$.

Un caso especial y más general es el que se presenta cuando al dividir el modelo multiecuacional en dos bloques de ecuaciones, las ecuaciones del bloque I son independientes de las ecuaciones del bloque II, pero ambos bloques son simultáneamente interdependientes entre sí. Tal es el caso de los grandes modelos (modelos con un gran número de ecuaciones) en donde la matriz A puede no ser triangular pero puede ser bloque triangular, o del tipo

$$\begin{bmatrix} A_{11} & 0 \\ A_{21} & A_{22} \end{bmatrix}$$

Para poder emplear métodos de recursividad en la estimación de estos grandes modelos es necesario que la matriz Σ de varianzas y covarianzas de las perturbaciones sea bloque-diagonal, lo que exige que las perturbaciones de las ecuaciones del bloque I sean independientes de las del bloque II. De esta manera, las variables endógenas y_I (o del primer bloque) se utilizan como variables explicativas en la estimación de los elementos de la matriz A_{21}.

1.4.5 Máxima verosimilitud con información limitada

El método de la máxima verosimilitud con información limitada (MVL) es muy utilizado en tanto en cuanto puede estimarse una sola ecuación o un subconjunto de ecuaciones del modelo general sin emplear toda la información a priori del subconjunto que no se desea estimar. Sin embargo, todas las ecuaciones del modelo deben ser lineales y correcta la clasificación de las variables en exógenas y endógenas. Siguiendo a Koopmans y Hood dividimos el conjunto de ecuaciones que determinan el modelo lineal general en los dos subconjuntos I y II, que se definen a continuación

$$\text{(I)} \quad \begin{cases} \alpha_{11}y_{1t} + \cdots + \alpha_{1G}y_{Gt} + \beta_{11}x_{1t} + \cdots + \beta_{1K}x_{kt} = u_{1t} \\ \cdots\cdots\cdots\cdots\cdots\cdots\cdots\cdots\cdots\cdots\cdots\cdots \\ \alpha_{G_I1}y_{1t} + \cdots + \alpha_{G_IG}y_{Gt} + \beta_{G_I1}x_{1t} + \cdots + \beta_{G_IK}x_{kt} = u_{G_It} \end{cases}$$

$$
\text{(II)} \quad \begin{cases} \alpha_{G_I+1,1}y_{1t} + \cdots + \alpha_{G_I1,G}y_{Gt} + \beta_{G_I+1,1}x_{1t} + \cdots + \beta_{G_I+1,K}x_{kt} = u_{G_I+1.t} \\ \cdots\cdots\cdots\cdots\cdots\cdots\cdots\cdots\cdots\cdots\cdots\cdots\cdots\cdots \\ \alpha_{G1}y_{1t} \quad + \cdots + \alpha_{GG}y_{Gt} \quad + \beta_{G1}x_{1t} \quad + \cdots + \beta_{GK}x_{kt} \quad = u_{Gt} \end{cases}
$$

El método de estimación de la máxima verosimilitud con información limitada (MVL) trata de estimar los parámetros estructurales pertenecientes al subconjunto I, sin emplear información o, al menos, toda la información a priori que exigiría la estimación de los parámetros contenidos en el subconjunto II.

La matriz de los coeficientes del sistema total particionada puede escribirse en la forma siguiente:

$$
\alpha = \begin{bmatrix} \alpha_{11} & \cdots & \alpha_{1G} & \beta_{11} & \cdots & \beta_{1K} \\ \vdots & \ddots & \vdots & \vdots & \ddots & \vdots \\ \alpha_{G_I1} & \cdots & \alpha_{G_IG} & \beta_{G_I1} & \cdots & \beta_{G_IK} \\ \vdots & \ddots & \vdots & \vdots & \ddots & \vdots \\ \alpha_{G1} & \cdots & \alpha_{GG} & \beta_{G1} & \cdots & \beta_{GK} \end{bmatrix} = \begin{bmatrix} A_I & B_I \\ A_{II} & B_{II} \end{bmatrix} = \begin{bmatrix} \alpha_I \\ \alpha_{II} \end{bmatrix} = \begin{bmatrix} A & B \end{bmatrix}.
$$

Se trata de estimar los elementos de α_I, así como los de la matriz Σ_{II} que es una de las submatrices resultantes de la siguiente partición de la matriz de las covarianzas de las perturbaciones aleatorias:

$$
\Sigma = E\begin{bmatrix} (u_1\ u_1) & \cdots & (u_1\ u_{G_I}) & (u_1\ u_{G_I+1}) & \cdots & (u_1\ u_G) \\ \vdots & \ddots & \vdots & \vdots & \ddots & \vdots \\ (u_{G_I}\ u_1) & \cdots & (u_{G_I}\ u_{G_I}) & (u_{G_I}\ u_{G_I+1}) & \cdots & (u_{G_I}\ u_{G_I}) \\ \vdots & \ddots & \vdots & \vdots & \ddots & \vdots \\ (u_G\ u_1) & \cdots & (u_G\ u_{G_I}) & \beta_{G1} & \cdots & \beta_{GK} \end{bmatrix} = \begin{bmatrix} \Sigma_{I\ I} & \Sigma_{I\ II} \\ \Sigma_{II\ I} & \Sigma_{II\ II} \end{bmatrix}
$$

.

Para realizar la estimación es importante el conocimiento de todas las restricciones a priori del subconjunto I y, además, es esencial que sea identificable cada una de las ecuaciones que figuran en dicho conjunto, esto es, que exista un número mínimo de restricciones a priori sobre cada ecuación que debe estimarse. Sin embargo, pueden ignorarse todas las restricciones a priori de las ecuaciones del subconjunto II, aunque puede ser de valor el conocimiento de tales restricciones cuando son originantes de superidentificación. Si se prescinde de este último conocimiento, los estimadores de información limitada serán estimadores máximo-verosímiles únicamente en el caso de que sea válido el modelo general, lo que ocurre cuando son también lineales las ecuaciones que no se van a estimar y se ha empleado correctamente la clasificación de las variables en exógenas y endogénas.

La función logarítmica de verosimilitud de los parámetros estructurales del subconjunto I, que se expresa así:

$$L_1(\alpha_I) = k + \frac{1}{2}\log|A_I\Omega * A'_I| - \frac{1}{2}\log|\Omega| * - \frac{1}{2}\log|\alpha_I M\alpha'_I|$$

donde k es una constante, A_I y α_I son las submatrices de parámetros estructurales anteriormente consideradas, M es la matriz de los momentos de segundo orden respecto al origen y Ω^* es la matriz de las covarianzas de las perturbaciones de la forma reducida, cuyo valor sabemos que viene dado por la expresión matricial

$$\Omega^* = M_{yy} - M_{yx}M_{xx}^{-1}M_{xy}$$

Los estimadores α^*_I de α_I que maximizan L_I son los estimadores MVL que desatienden cualquier conocimiento de las restricciones a priori de los parámetros incluidos en α_{II} . Sin embargo, su deducción presupone que el sistema completo es lineal y, como en la determinación de L_I figuran las matrices $M\Omega^*$, existe la necesidad de conocer información estadística de las variables predeterminadas que aparecen en el sistema completo. Se demuestra que los estimadores de máxima verosimilitud con información limitada de la submatriz de covarianzas Σ_{II} tienen por expresión:

$$S_{II} = \alpha_I^* M(\alpha'_I)*$$

Consideramos la ecuación h-ésima del modelo lineal general, en la que figuran $G' < G$ variables endógenas y $K' < K$ variables exógenas o predeterminadas

$$\alpha_{h1}y_{1t} + \cdots + \alpha_{h,G'}y_{G't} + \beta_{h1}x_{1t} + \cdots + \beta_{hK'}x_{k't} = u_{ht}$$

Los parámetros estructurales de esta ecuación van a ser estimados empleando el método de máxima verosimilitud con información limitada.

La relación entre estos parámetros estructurales y los coeficientes de la forma reducida se ha establecido anteriormente a partir de las ecuaciones matriciales, que originan las siguientes ecuaciones con notación corriente:

$$\beta_{hr} = -(\alpha_{h1}\Pi_{1t} + \alpha_{h2}\Pi_{2r} + \cdots + \alpha_{hG'}\Pi_{G'r}) \quad (r = 1,2,\cdots,K'),$$

$$0 = \alpha_{h1}\Pi_{1s} + \alpha_{h2}\Pi_{2s} + \cdots + \alpha_{hG'}\Pi_{G's} \quad (s = K'+1,2,\cdots,K),$$

De $v'_t = A^{-1}u'_t$, se tiene $u'_t = Av'_t$, esto es, $u_{ht} = \alpha_{h1}v_{1t} + \cdots + \alpha_{hG'}v_{G't}$

que expresa la relación entre la perturbación aleatoria de la relación h-ésima y las perturbaciones de la forma reducida.

En el caso de superidentificabilidad de la ecuación h-ésima del modelo lineal general (*K-K'>G'*), el sistema $0 = \alpha_{h1}\Pi_{1s} + \alpha_{h2}\Pi_{2s} + \cdots + \alpha_{hG'}\Pi_{G's}$ no es ordinario y no es conveniente emplear el método de estimación mínimo-cuadrático.

Para tales circunstancias debe formarse la función de verosimilitud correspondiente a la muestra de *n* observaciones a partir de la distribución conjunta de las perturbaciones $v_{1t},\ldots,v_{G't}$ de la forma reducida. La función de verosimilitud es:

$$L = -\left(\frac{n}{2}\right)^{G'} \log(2\Pi) + \frac{n}{2}\log\left|\Omega^{-1}\right| - \frac{1}{2}\sum_{t=1}^{n}\sum_{ij}^{n} v_{it}v_{jt}w^{ij}$$

donde Ω es la matriz de las covarianzas de las perturbaciones de la forma reducida y w^{ij} los elementos de su correspondiente matriz inversa.

Para conocer los estimadores de máxima verosimilitud con información limitada es necesario hallar los parámetros de α_{hi} y Π_{is}, así como las covarianzas w_{ij}, que maximizan la verosimilitud.

1.4.6 Máxima verosimilitud con información completa

En los métodos de información completa se pretende estimar todas las ecuaciones estructurales del modelo simultáneamente, con lo que al tener en cuenta las especificaciones completas de éste permiten aprovechar mejor la información disponible traduciéndose en estimadores consistentes y eficientes.

El empleo del método estadístico de la máxima verosimilitud para la estimación de los parámetros estructurales del modelo lineal general

$$Ay'_t + Bx'_t = u'_t$$

exige la maximización de la función logarítmica de verosimilitud

$$\frac{1}{n}\log f_n(y/n;\ A,B,\Sigma)=L(y,x;\ A,B,\Sigma)$$

donde Σ es la matriz de las covarianzas no nula de las perturbaciones aleatorias u_1, $u_2,\ldots,u_n$ y f_n es la función de densidad conjunta de las variables endógenas y_1, $y_2,\ldots,y_n$ condicionada al vector x.

Los estimadores máximo-verosímiles de los parámetros estructurales y covarianzas que incluyen las matrices A, B, y Σ harán máxima tanto a la función L como a f_n.

Para conseguir estimadores de máxima verosimilitud es necesario imponer la condición de normalidad a la función de densidad conjunta $Q(u_1,\ldots,u_n)$ de las perturbaciones aleatorias. Si no se satisface dicha condición de normalidad las correspondientes estimaciones serían cuasi-máximo-verosímiles. Las propiedades estadísticas que satisfacen con más generalidad los estimadores de máxima verosimilitud con información completa *(MVC)* son la de consistencia y la de eficiencia asintótica.

1.4.7 Estimadores de clase k y mínimos cuadrados trietápicos

El método de los *estimadores de clase k* es una generalización del método de los mínimos cuadrados bietápicos, donde el vector de estimadores puede expresarse por la ecuación matricial:

$$\begin{bmatrix}\hat{a}\\ \hat{b}\end{bmatrix}=-\begin{bmatrix}Y'_2 & Y_2-kV'V & Y'_2 & X.\\ X'. & Y_2 & X'. & X.\end{bmatrix}^{-1}\begin{bmatrix}Y'_2-kV'\\ X'.\end{bmatrix}y_1$$

Para $k=1$ obtenemos la solución de los mínimos cuadrados bietápicos *MC2E*. En realidad esta fórmula es una generalización, debida a Teheil, de la analizada al estudiar el método *MC2E*, conocida como estimadores de clase k y que da lugar a otros estimadores para distintos valores de k. Por ejemplo, si k=0 se obtienen estimadores *MCO*, si k= 1 se obtienen estimadores de mínimos cuadrados bietápicos y, en general, si $k=\mu$ pueden conseguirse estimadores de máxima verosimilitud con información limitada. Se demuestra también que el estimador de la clase k es un estimador por variables instrumentales en el que el instrumento viene dado por $Y_2-k\hat{V}$.

Una generalización de los estimadores de clase k se obtiene sustituyendo la k de la matriz inversa por k_1 y la de la matriz que postmultiplica a la inversa por k_2, desde luego si $k_1 = k_2 - k$ estamos en el caso anterior.

Otra generalización la realizó Schard para obtener los *estimadores de clase matriz K*, de los que son casos particulares los de máxima verosimilitud con información completa y los trietápicos.

Los *estimadores trietápicos* son debidos a Zellner y Theil. En términos sencillos, aunque aproximados, hemos visto que el método mínimo-cuadrático bietápico *MC2E* para estimar una ecuación estructural consta de dos etapas, la primera de las cuales sirve para estimar la matriz de momentos de las perturbaciones en la forma reducida, y la segunda para estimar los coeficientes de una única ecuación estructural después de depurar sus variables conjuntamente dependientes por medio de la matriz de momentos ya mencionada. El *método mínimo-cuadrático trietápico MC3E*, avanza algo más utilizando los mínimos cuadrados bietápicos de la matriz estimada de momentos de las perturbaciones estructurales para estimar todos los coeficientes del sistema total simultáneamente.

El método tiene las características de la información completa en el grado en que, si la matriz de momentos de las perturbaciones estructurales no es diagonal (esto es, si las perturbaciones estructurales no tienen covarianzas contemporáneas), la estimación de los coeficientes de cualquier ecuación identificable gana en eficiencia en tanto que existen otras ecuaciones que están superidentificadas. Además, el método puede tener en cuenta restricciones en los parámetros de ecuaciones de estructura diferente. Y en cuanto al cálculo es muy sencillo, prescindiendo de la inversión de una matriz de orden elevado. Además, este método puede utilizarse en presencia de autocorrelacion en las perturbaciones.

1.4.8 Método RANR o SUR

Un estimador por información completa muy útil es el estimador *RANR (SUR) o estimador de regresiones aparentemente no relacionadas.*

Supongamos que la ecuación i-ésima de un sistema de m ecuaciones es.

$$y_i = X_i \beta_i + u_i \quad i = 1, \ldots, m$$

donde $\mathbf{y}_i$ es un vector nx1 de observaciones de la variable i-ésima, X_i es una matriz de observaciones de las variables explicativas nxk_i, β_i es un vector de coeficientes k_ix1 y u_i es un vector de perturbaciones nx1. Se supone que la perturbación y las variables explicativas de cada ecuación no están relacionadas. El conjunto de ecuaciones puede escribirse como:

$$\begin{bmatrix} y_1 \\ y_2 \\ \vdots \\ y_m \end{bmatrix} + \begin{bmatrix} X_1 & 0 & \cdots & 0 \\ 0 & X_2 & \cdots & 0 \\ \vdots & \vdots & \ddots & \vdots \\ 0 & 0 & \cdots & X_m \end{bmatrix} \begin{bmatrix} \beta_1 \\ \beta_2 \\ \vdots \\ \beta_m \end{bmatrix} + \begin{bmatrix} u_1 \\ u_2 \\ \vdots \\ u_m \end{bmatrix} \Leftrightarrow y = X\beta + u$$

En general, la matriz de varianzas y covarianzas de u es:

$$\Sigma = E(uu') = \begin{bmatrix} E(u_1u_1') & E(u_1u_2') & \cdots & E(u_1u_m') \\ E(u_2u_1') & E(u_2u_2') & \cdots & E(u_2u_m') \\ \vdots & \vdots & \ddots & \vdots \\ E(u_mu_1') & E(u_mu_2') & \cdots & E(u_mu_m') \end{bmatrix} = \begin{bmatrix} \sigma_{11}I & \sigma_{12}I & \cdots & \sigma_{1m}I \\ \sigma_{21}I & \sigma_{22}I & \cdots & \sigma_{2m}I \\ \vdots & \vdots & \ddots & \vdots \\ \sigma_{m1}I & \sigma_{m2}I & \cdots & \sigma_{mm}I \end{bmatrix}$$

La expresión anterior suele denotarse como sigue:

$$\Sigma = E(uu') = \begin{bmatrix} \sigma_{11}I & \sigma_{12}I & \cdots & \sigma_{1m}I \\ \sigma_{21}I & \sigma_{22}I & \cdots & \sigma_{2m}I \\ \vdots & \vdots & \ddots & \vdots \\ \sigma_{m1}I & \sigma_{m2}I & \cdots & \sigma_{mm}I \end{bmatrix} = \begin{bmatrix} \sigma_{11} & \sigma_{12} & \cdots & \sigma_{1m} \\ \sigma_{21} & \sigma_{22} & \cdots & \sigma_{2m} \\ \vdots & \vdots & \ddots & \vdots \\ \sigma_{m1} & \sigma_{m2} & \cdots & \sigma_{mm} \end{bmatrix} \otimes I = \Sigma_C \otimes I$$

donde $\boldsymbol{I}$ es la matriz identidad nxn y el símbolo $\otimes$ indica el producto de Kronecker (cada elemento de Σ_C se multiplica por $\boldsymbol{I}$). Hemos aplicado que $E(u_iu_j') = \sigma_{ij}\boldsymbol{I}$ $i,j = 1, \ldots, m$. Cuando $i = j$ obtenemos la perturbación de una ecuación cualquiera que es homoscedástica y no autocorrelacionada.

El método de los mínimos cuadrados generalizados MCG ofrece el mejor estimador lineal insesgado del vector β en el sistema $y = X\beta + u$.

Por tanto, el sistema de ecuaciones $y_i = X_i\beta_i + u_i$ $i = 1, \ldots, m$ debiera estimarse conjuntamente como $y = X\beta + u$ (y no de manera separada) mediante el estimador de mínimos cuadrados generalizados:

$$b_{GLS} = (X'\Sigma^{-1}X)^{-1} X'\Sigma^{-1}y$$

$$\Sigma^{-1} = \Sigma_C^{-1} \otimes I = \begin{bmatrix} \sigma^{11}I & \sigma^{12}I & \cdots & \sigma^{1m}I \\ \sigma^{21}I & \sigma^{22}I & \cdots & \sigma^{2m}I \\ \vdots & \vdots & \ddots & \vdots \\ \sigma^{m1}I & \sigma^{m1}I & \cdots & \sigma^{mm}I \end{bmatrix}$$

La matriz de varianzas y covarianzas de este estimador MCG es:

$$Var(b_{GLS}) = (X'\Sigma^{-1}X)^{-1}$$

La dificultad operativa del estimador anterior es que los elementos de Σ_C son desconocidos. El *método de las regresiones aparentemente no relacionadas RANR o método SUR* utiliza un estimador *MCG* factible estimando separadamente por *MCO* las *m* ecuaciones y utilizando los residuos para estimar σ_{ij}. La inferencia sobre este método tendrá validez asintótica.

El estimador *SUR* (o *RANR*) tiene dos casos muy interesantes. Si $\sigma_{ij} = 0$ para $i \neq j$ o $X_1 = X_2 = \ldots = X_m$, el estimador *MCG* se reduce a aplicar *MCO* a todas las ecuaciones por separado. Y si además las perturbaciones están normalmente distribuidas, los estimadores *MCO* son también estimadores máximo verosímiles.

La versión de mínimos cuadrados en dos etapas para la estimación de sistemas es el método denominado de *mínimos cuadrados de tres etapas (MC3E).* Este procedimiento permite la posibilidad de correlación contemporánea entre las perturbaciones de distintas ecuaciones estructurales. Se trata, en esencia, de una aplicación del *procedimiento de regresiones aparentemente no relacionadas RANR (SUR)* a un modelo estructural. Las ecuaciones estructurales identificadas se estiman en primer lugar por MC2E y los residuos resultantes se utilizan para estimar la matriz de covarianzas de las perturbaciones, que se utiliza posteriormente para estimar conjuntamente todos los parámetros estructurales identificados. Cuando el proceso de estimación se repite, y no se detiene al llegar a la tercera etapa, las estimaciones convergen a un *estimador de máxima verosimilitud con información completa (MVC)* del modelo estructural.

1.4.9 Métodos robustos a la heteroscedasticidad: White y HAC

Existen dos métodos de estimación de sistemas robustos a la heteroscedasticidad que son el *método de los mínimos cuadrados en dos etapas ponderados* y el *método generalizado de los momentos GMM con corrección de White*. Además. el *Heteroskedasticity and Autocorrelation Consistent Covariance Matrix Method (HAC)* es robusto a heteroscedasticidad y autocorrelación simultáneamente. En principio, siempre que la especificación del sistema sea correcta, los métodos de estimación de sistemas con información completa son más eficientes que los métodos con información limitada porque la especificación errónea de una ecuación única puede contaminar todas las estimaciones del sistema.

1.4.10 Modelos de ecuaciones simultáneas con series temporales

Cuando los modelos de ecuaciones simultáneas o sistemas en general involucran series temporales, entra en juego la dinámica y en la mayoría de los casos reales los modelos tendrán variables desfasadas en el tiempo dando lugar a sistemas dinámicos.

La presencia de dinámica en los modelos de ecuaciones simultáneas (MES) agregados constituye, por lo menos a efectos de predicción, una gran mejora con respecto a los MES estáticos.

En los modelos existe la posibilidad de que ciertas variables x sean valores retardados de y. También es posible que existan valores retardados de otras variables exógenas de la especificación. La categoría de *variables endógenas retardadas* y *variables exógenas retardadas* y actuales, constituye el conjunto de *variables predeterminadas*. La característica más importante de las variables predeterminadas es que son independientes de las perturbaciones actuales y futuras. Esta propiedad se sostiene para las variables exógenas por definición y también para variables endógenas retardadas porque se supone que los términos de perturbación son serialmente independientes.

Pero algunos problemas importantes persisten a la hora de estimar los MES con datos de series temporales agregadas. Recordemos que la validez de los procedimientos habituales de inferencia basados en el estimador MCO o en el MC2E en aplicaciones de series temporales se apoya en la noción de estacionariedad. Desafortunadamente, parece que series tales como el consumo agregado, la renta, la inversión, e incluso los tipos de interés violan los requisitos de estacionariedad y presentan raíces unitarias. Estas series también tienden a contener tendencias exponenciales, aunque esto se puede en parte remediar usando la transformación logarítmica y adoptando diferentes formas funcionales.

En general, incluso las propiedades de muestra grande de los estimadores MCO y MC2E (y no mencionemos las de muestra pequeña) son complicadas y dependen de varios supuestos cuando se aplican a ecuaciones con variables $I(1)$. Habrá que tener presente todo lo relativo a raíces unitarias y estacionariedad a la hora de estimar modelos de ecuaciones simultáneas con series de tiempo.

Pero estos comentarios no implican que los MES no sean útiles cuando se aplican a datos de series temporales. Los problemas de tendencia y de alta persistencia se pueden evitar especificando los sistemas en primeras diferencias o en tasa de crecimiento. Pero deberíamos reconocer que se trata entonces de un MES distinto del que se especifica en niveles. Por otra parte, tal y como hemos comentado anteriormente, incorporar dinámica no es algo especialmente difícil. Finalmente, el problema de encontrar unas variables auténticamente exógenas para incluirlas en los MES es a menudo más fácil con datos desagregados.

1.5 EVIEWS Y LOS SISTEMAS DE ECUACIONES SIMULTÁNEAS

Partimos del archivo *sistema1.wf1* que contiene datos de la economía española para el periodo 1977-1995 de las variables tipo de interés (R_t), oferta monetaria (M_t), producto nacional bruto a precios de mercado (Y_t) e inversión (Inv_t). Se trata de estimar el siguiente modelo de dos ecuaciones:

$$R_t = \alpha_1 M_t + \alpha_2 Y_t + u_{1t}$$
$$Y_t = \beta_1 + \beta_2 R_t + \beta_3 Inv_t + u_{2t}$$

Realizaremos en primer lugar la identificación de los parámetros del sistema y estimaremos la forma estructural del modelo utilizando los métodos de los mínimos cuadrados en dos etapas (MC2E), en tres etapas (MC3E), regresiones aparentemente no relacionadas (SUR) y máxima verosimilitud con información completa (MVIC).

Nuestro modelo de ecuaciones simultáneas tiene dos variables endógenas (R_t, Y_t), es decir, $G = 2$. También tiene 3 variables predeterminadas (M_t, Inv_t y la constante), por tanto $K = 3$. Además, la tabla siguiente muestra los valores para la identificación de las dos ecuaciones.

	Variables endógenas incluidas (*g*)	Variables exógenas incluidas (G-*g*)	Variables predeterminadas incluidas (*k*)	Variables predeterminadas excluidas (K-*k*)	Identificación
1ª ecuación	2	2-2=0	1	3-1=2	K-k =2>g-1=1 **Sobreidentificada**
2ª ecuación	2	2-2=0	2	3-2=1	K-k = 1 = g-1 **Exactamente identificada**

Como la primera ecuación es superidentificada, se puede estimar por mínimos cuadrados en dos etapas (MC2E). Como la segunda ecuación es exactamente identificada, se puede estimar por mínimos cuadrados indirectos (MCI) o por MC2E.

Para realizar la ***estimación de las dos ecuaciones por MC2E con Eviews***, en primer lugar diseñamos el sistema de ecuaciones. Para ello elegimos *Object → New Object → System* y le damos el nombre SYS1 (Figura 1-1). Pulsamos *OK* y en la pantalla *System* se escriben las ecuaciones del sistema y todos los posibles instrumentos (variables predeterminadas) tal y como se indica en la Figura 1-2. A continuación pulsamos el botón *Estimate* y en el campo *Method* de la solapa *Estimation Method* de la pantalla *System Estimation* elegimos *Two Stage Least Squares* (Figura 1-3). Al pulsar *Aceptar* se obtiene la estimación por MC2E de las dos ecuaciones del sistema de ecuaciones simultáneas (Figura 1-4).

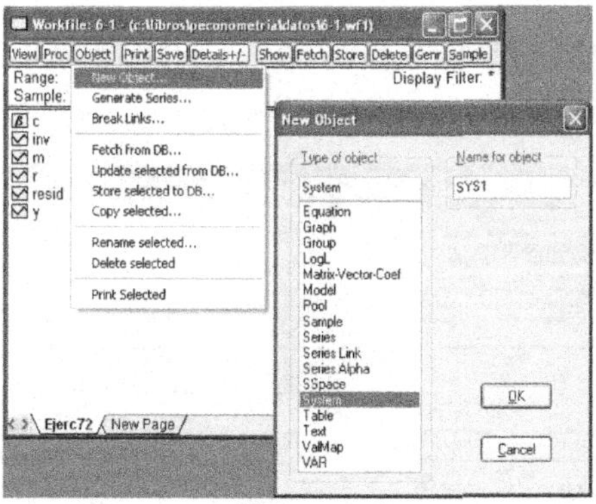

Figura 1-1

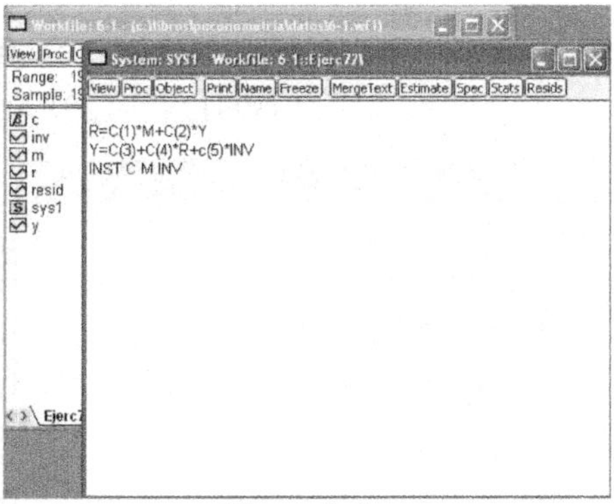

Figura 1-2

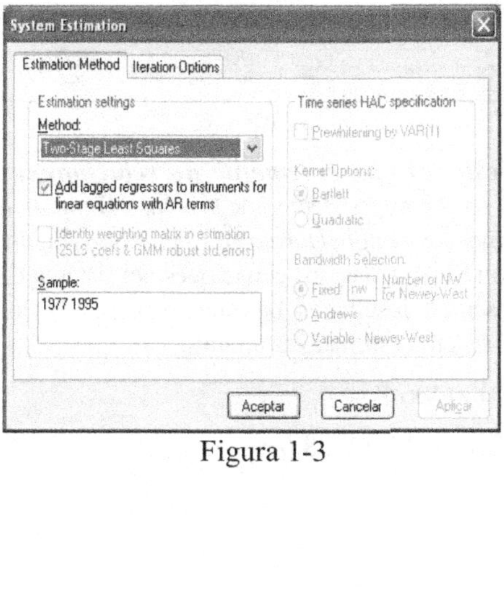

Figura 1-3

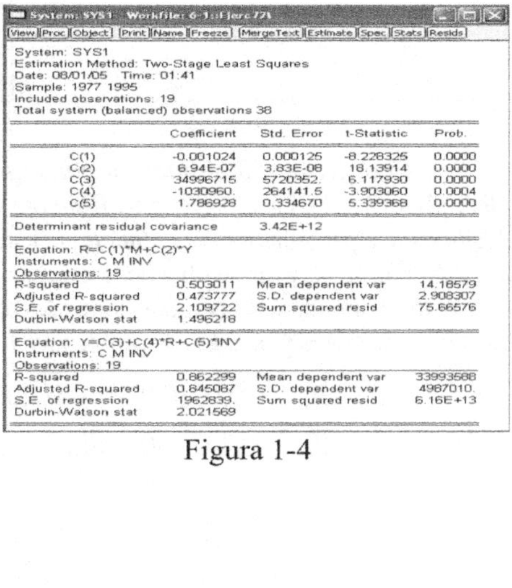

Figura 1-4

Se observa una muy buena significatividad de los coeficientes estimados, buenos coeficientes de determinación (0,503 para la primera ecuación y 0,862 para la segunda) y estadísticos de Durbin-Watson muy cercanos a 2 para las dos ecuaciones, lo que indica que no existirán problemas de autocorrelación serial. El sistema estimado será el siguiente:

$$R_t = -0{,}01024\, M_t + 0{,}000000694\, Y_t + u_{1t}$$
$$Y_t = 34996715 - 1030960\, R_t + 1{,}786928\, Inv_t + u_{2t}$$

Si queremos la ***estimación por mínimos cuadrados en tres etapas (MC3E)***, hacemos clic en *Estimate* y en el campo *Method* de la solapa *Estimation Method* de la pantalla *System Estimation* elegimos *Three Stage Least Squares* (Figura 1-5). Al pulsar *Aceptar* se obtiene la estimación por MC3E de las dos ecuaciones del sistema de ecuaciones simultáneas (Figura 1-6). Se observan resultados bastante parecidos al método MC2E y exentos de problemas. El sistema estimado es ahora:

$$R_t = -0{,}01024\, M_t + 0{,}000000694\, Y_t + u_{1t}$$
$$Y_t = 40399124 - 1251905\, R_t + 1{,}490466\, Inv_t + u_{2t}$$

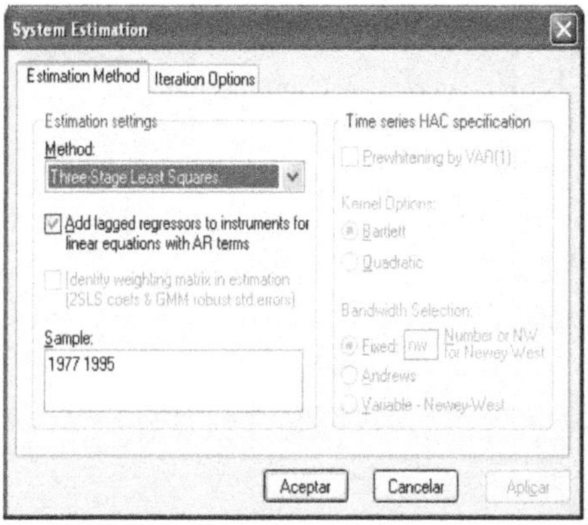

Figura 1-5

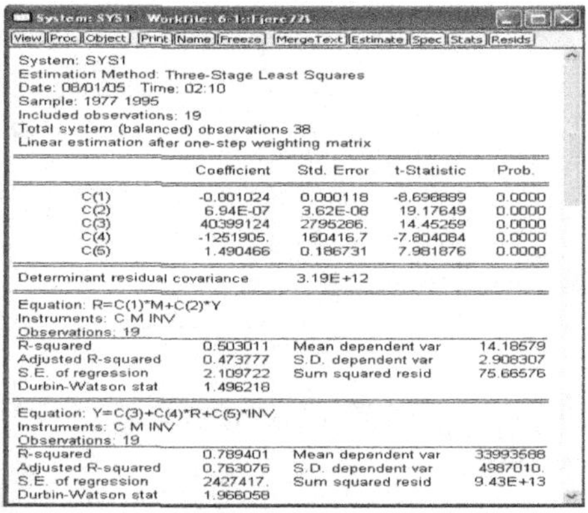

System: SYS1
Estimation Method: Three-Stage Least Squares
Date: 08/01/05 Time: 02:10
Sample: 1977 1995
Included observations: 19
Total system (balanced) observations 38
Linear estimation after one-step weighting matrix

	Coefficient	Std. Error	t-Statistic	Prob.
C(1)	-0.001024	0.000118	-8.698889	0.0000
C(2)	6.94E-07	3.62E-08	19.17649	0.0000
C(3)	40399124	2795286.	14.45259	0.0000
C(4)	-1251905.	160416.7	-7.804084	0.0000
C(5)	1.490466	0.186731	7.981876	0.0000

Determinant residual covariance 3.19E+12

Equation: R=C(1)*M+C(2)*Y
Instruments: C M INV
Observations: 19

R-squared	0.503011	Mean dependent var	14.18579
Adjusted R-squared	0.473777	S.D. dependent var	2.908307
S.E. of regression	2.109722	Sum squared resid	75.66576
Durbin-Watson stat	1.496218		

Equation: Y=C(3)+C(4)*R+C(5)*INV
Instruments: C M INV
Observations: 19

R-squared	0.789401	Mean dependent var	33993588
Adjusted R-squared	0.763076	S.D. dependent var	4987010.
S.E. of regression	2427417.	Sum squared resid	9.43E+13
Durbin-Watson stat	1.966058		

Figura 1-6

Si queremos la ***estimación por regresiones aparentemente no relacionadas*** (**RANR** o **SUR**), hacemos clic en *Estimate* y en el campo *Method* de la solapa *Estimation Method* de la pantalla *System Estimation* elegimos *Seemingly Unrelated Regression* (Figura 1-7). Al pulsar *Aceptar* se obtiene la estimación SUR de las dos ecuaciones del sistema de ecuaciones simultáneas (Figura 1-8). Se observan resultados bastante parecidos a los métodos anteriores y exentos de problemas. El sistema estimado es ahora:

$$R_t = -0{,}01070\, M_t + 0{,}000000706\, Y_t + u_{1t}$$
$$Y_t = 28342160 - 680237{,}7\, R_t + 2{,}007108\, Inv_t + u_{2t}$$

Si queremos la ***estimación por máxima verosimilitud con informción completa*** (**MVIC**), hacemos clic en *Estimate* y en el campo *Method* de la solapa *Estimation Method* de la pantalla *System Estimation* elegimos *Full Information Likelihood* (Figura 1-9). Al pulsar *Aceptar* se obtiene la estimación de las dos ecuaciones del sistema de ecuaciones simultáneas (Figura 1-10). Se observan resultados bastante parecidos a los métodos anteriores y exentos de problemas. El sistema estimado es ahora:

$$R_t = -0{,}01129\, M_t + 0{,}000000723\, Y_t + u_{1t}$$
$$Y_t = 28342160 - 680237{,}7 R_t + 2{,}007108\, Inv_t + u_{2t}$$

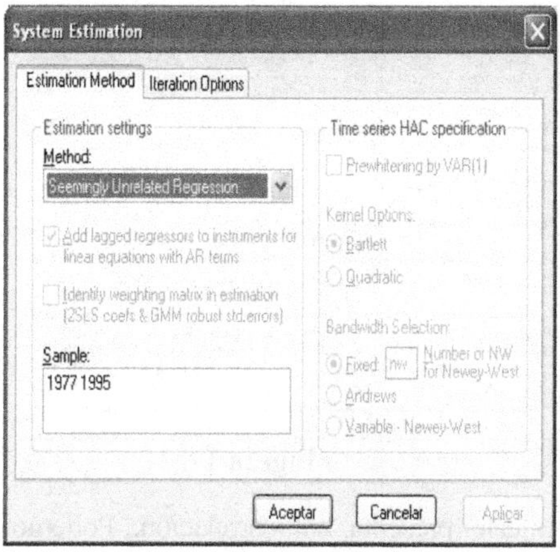

Figura 1-7

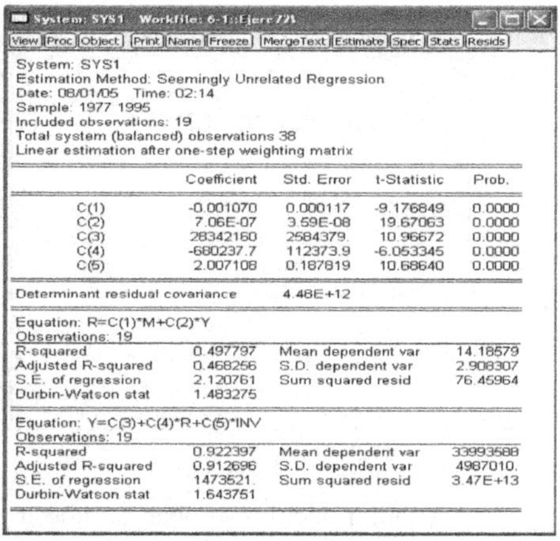

System: SYS1
Estimation Method: Seemingly Unrelated Regression
Date: 08/01/05 Time: 02:14
Sample: 1977 1995
Included observations: 19
Total system (balanced) observations 38
Linear estimation after one-step weighting matrix

	Coefficient	Std. Error	t-Statistic	Prob.
C(1)	-0.001070	0.000117	-9.176849	0.0000
C(2)	7.06E-07	3.59E-08	19.67063	0.0000
C(3)	28342160	2584379.	10.96672	0.0000
C(4)	-680237.7	112373.9	-6.053345	0.0000
C(5)	2.007108	0.187819	10.68640	0.0000

Determinant residual covariance 4.48E+12

Equation: R=C(1)*M+C(2)*Y
Observations: 19

R-squared	0.497797	Mean dependent var	14.18579
Adjusted R-squared	0.468256	S.D. dependent var	2.908307
S.E. of regression	2.120761	Sum squared resid	76.45964
Durbin-Watson stat	1.483275		

Equation: Y=C(3)+C(4)*R+C(5)*INV
Observations: 19

R-squared	0.922397	Mean dependent var	33993588
Adjusted R-squared	0.912696	S.D. dependent var	4987010.
S.E. of regression	1473521.	Sum squared resid	3.47E+13
Durbin-Watson stat	1.643751		

Figura 1-8

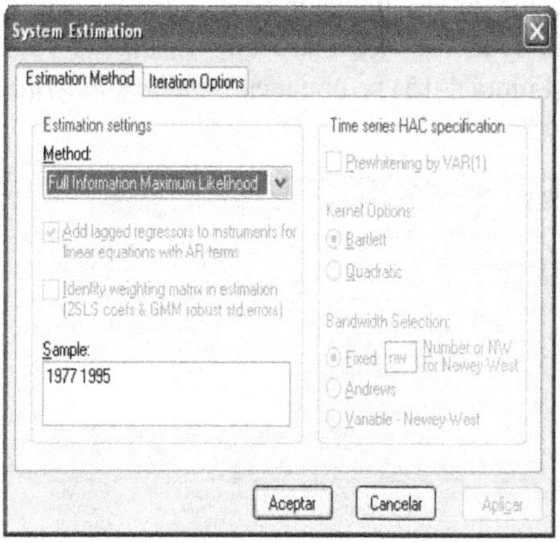

Figura 1-9

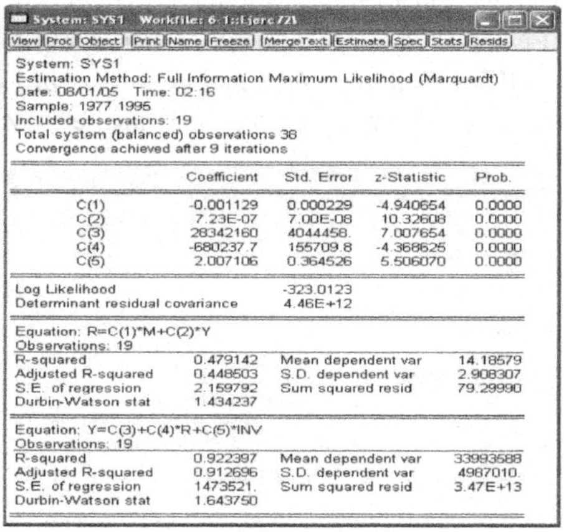

System: SYS1
Estimation Method: Full Information Maximum Likelihood (Marquardt)
Date: 08/01/05 Time: 02:16
Sample: 1977 1995
Included observations: 19
Total system (balanced) observations 38
Convergence achieved after 9 iterations

	Coefficient	Std. Error	z-Statistic	Prob.
C(1)	-0.001129	0.000229	-4.940654	0.0000
C(2)	7.23E-07	7.00E-08	10.32608	0.0000
C(3)	28342160	4044458.	7.007654	0.0000
C(4)	-680237.7	155709.8	-4.368625	0.0000
C(5)	2.007106	0.364526	5.506070	0.0000

Log Likelihood -323.0123
Determinant residual covariance 4.46E+12

Equation: R=C(1)*M+C(2)*Y
Observations: 19

R-squared	0.479142	Mean dependent var	14.18579
Adjusted R-squared	0.448503	S.D. dependent var	2.908307
S.E. of regression	2.159792	Sum squared resid	79.29990
Durbin-Watson stat	1.434237		

Equation: Y=C(3)+C(4)*R+C(5)*INV
Observations: 19

R-squared	0.922397	Mean dependent var	33993588
Adjusted R-squared	0.912696	S.D. dependent var	4987010.
S.E. of regression	1473521.	Sum squared resid	3.47E+13
Durbin-Watson stat	1.643750		

Figura 1-10

Dado que el modelo está identificado podemos estimar también el sistema ecuación por ecuación. Como la primera ecuación está sobreidentificada, utilizaremos el método MC2E. Para ello se elige *Quick → Estimate Equation*, se escribe la ecuación del modelo a ajustar en el campo *Equation Specification* de la solapa *Specification*, se elige *TSLS-Two Stage Least Squares (TSNLS and ARIMA)* en el campo *Method* para ajustar por mínimos cuadrados en dos etapas (Figura 1-11) y se hace clic en *Aceptar*. Se obtienen los resultados de la Figura 1-12 donde se ve el mismo ajuste que al estimar el sistema completo por el método MC2E (Figura 1-4). La ecuación estimada será:

$$R_t = -0{,}01024\,M_t + 0{,}000000694\,Y_t + u_{1t}$$

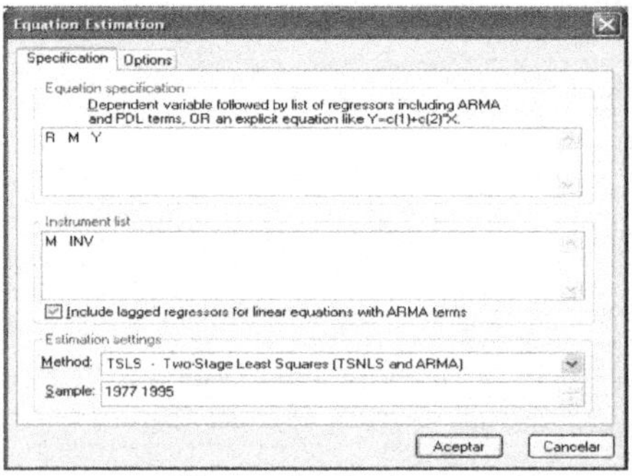

Figura 1-11

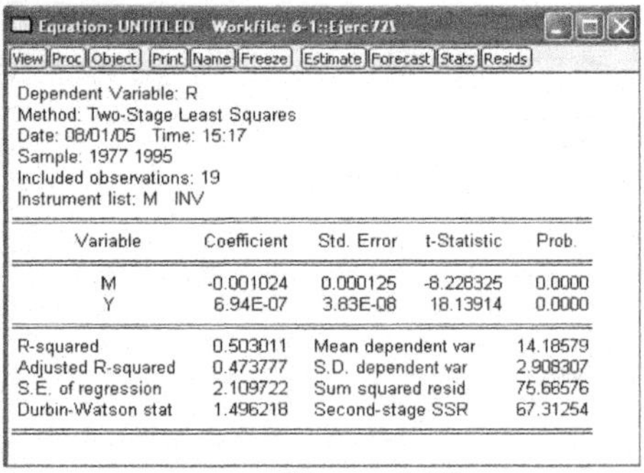

Figura 1-12

Ahora podemos probar si nuestro ajuste presenta autocorrelación. Podemos utilizar el contraste de Breusch-Godfrey mediante *View → Residual Tests → Serial Correlation LM Test* (Figura 1-13) cuyo p-valor de la Chi-cuadrado es superior a 0,05 (Figura 1-14), lo que indica ausencia de autocorrelación. Mediante *View → Residual Tests → White Heteroskedasticity (no cross terms)* (Figura 1-15) se obtienen p-valores mayores que 0,05 (Figura 1-16), luego no hay heteroscedasticidad.

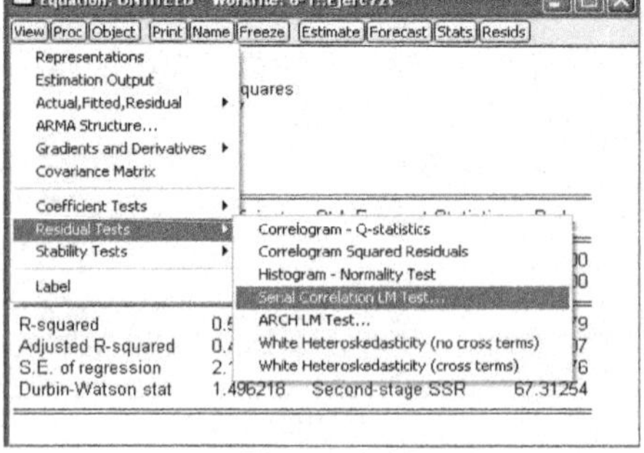

Figura 1-13

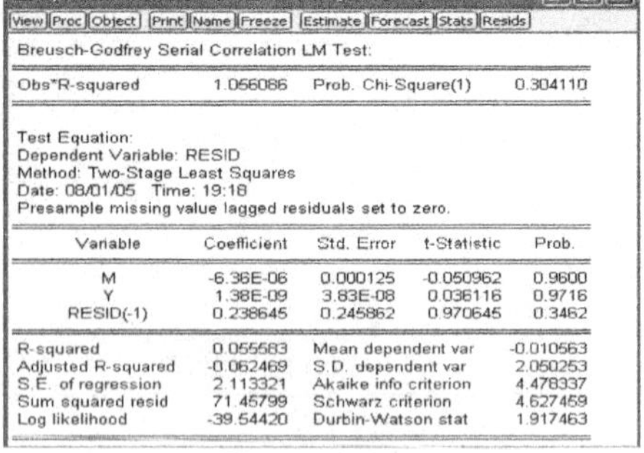

Figura 1-14

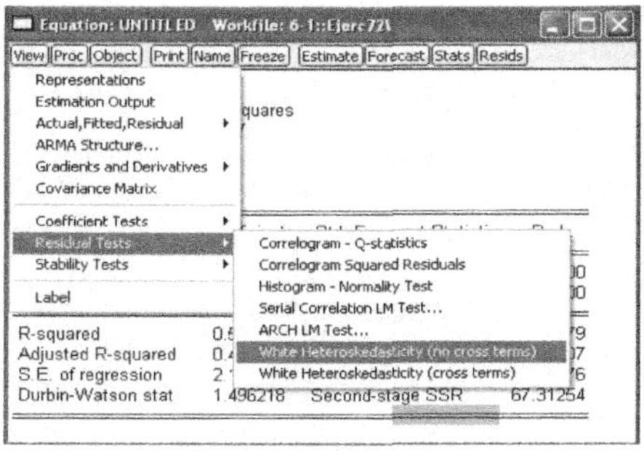

Figura 1-15

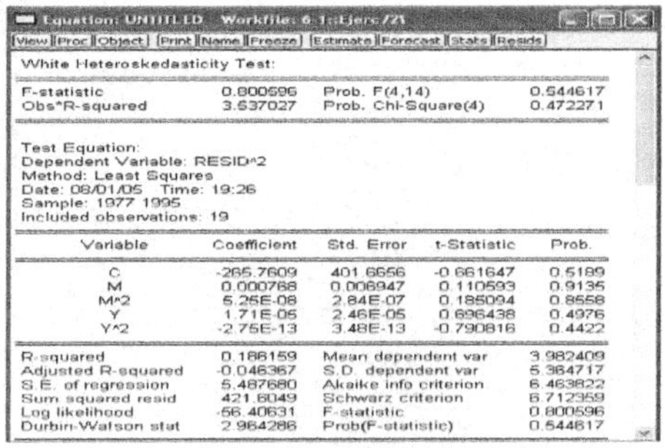

Figura 1-16

Como la segunda ecuación está exactamente identificada, utilizaremos el método MC2E (o incluso MCO). Para ello se elige *Quick → Estimate Equation*, se escribe la ecuación del modelo a ajustar en el campo *Equation Specification* de la solapa *Specification*, se elige *TSLS-Two stage Least Squares (TSNLS and ARIMA)* en el campo *Method* para ajustar por mínimos cuadrados en dos etapas (Figura 1-17) y se hace clic en *Aceptar*. Se obtienen los resultados de la Figura 1-18 donde se ve el mismo ajuste que al estimar el sistema completo por el método MC2E (Figura 1-4).

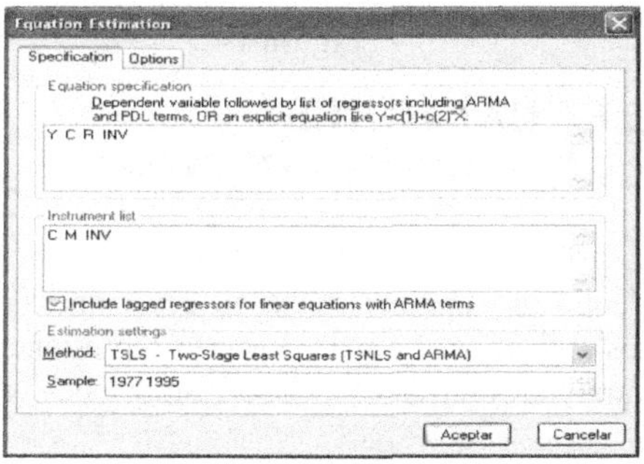

Figura 1-17

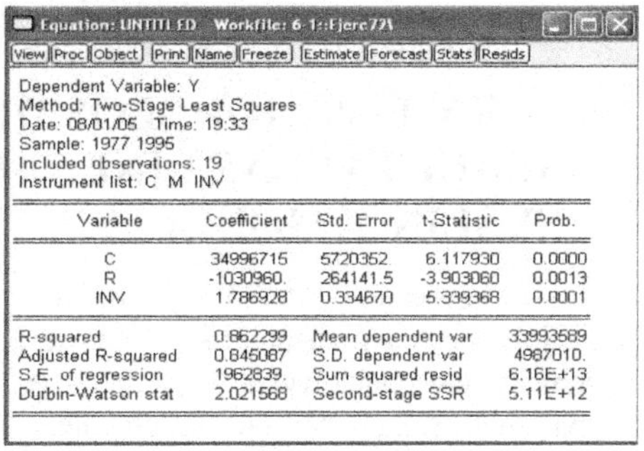

Figura 1-18

La ecuación estimada será:

$$Y_t = 34996715 - 1030960\,R_t + 1{,}786928\,Inv_t + u_{2t}$$

Para este ajuste, el contraste de Breusch Godfrey obtenido mediante *View → Residual Tests → Serial Correlation LM Test* cuyo p-valor de la Chi-cuadrado es superior a 0,05 (Figura 1-19), indica ausencia de autocorrelación. Pero el contraste de White obtenido mediante *View → Residual Tests → White Heteroskedasticity,* con p-valores menores que 0,05 (Figura 1-20), indica presencia de heteroscedasticidad. La estimación mediante el método de White se hará ahora rellenando la solapa *Options* de la pantalla *Equation Estimation* como se indica en la Figura 1-21. Al hacer clic en *Aceptar* se obtiene la estimación sin heteroscedasticidad de la Figura 1-22. La estimación coincide con la anterior.

Figura 1-19

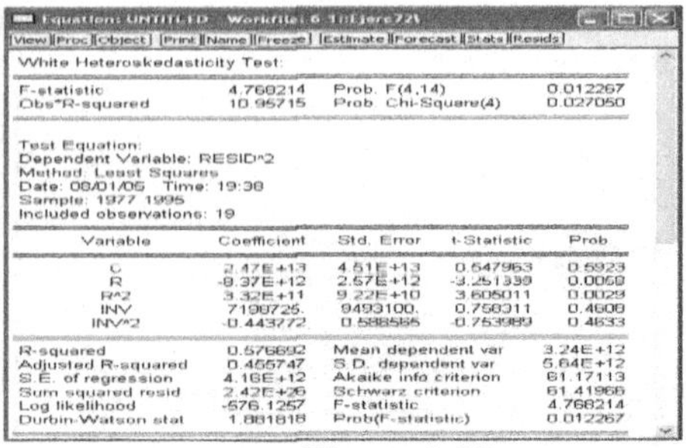

Figura 1-20

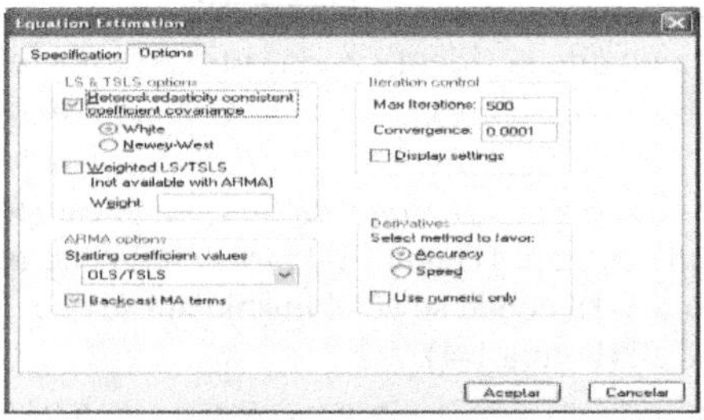

Figura 1-21

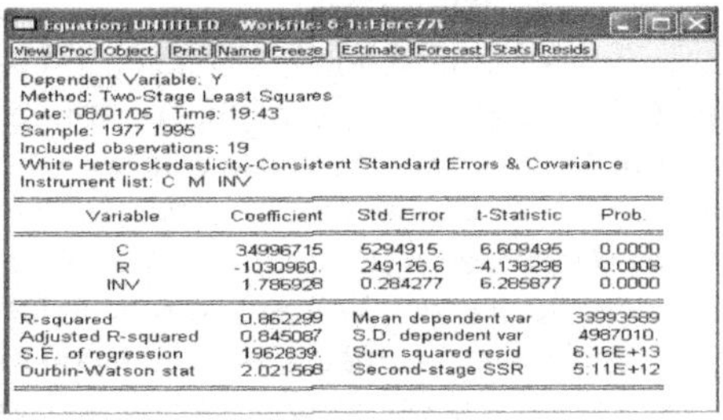

Figura 1-22

1.6 SAS Y LOS MODELOS DE ECUACIONES SIMULTÁNEAS LINEALES: PROCEDIMIENTOS SYSLIN Y MODEL

El procedimiento SYSLIN permite identificar y ajustar sistemas de ecuaciones de regresión lineales mediante mínimos cuadrados ordinarios, 2 etapas, 3 etapas, regresiones aparentemente relacionadas y máxima verosimilitud, utilizando incluso restricciones en los parámetros. Su sintaxis es la siguiente:

PROC SYSLIN opciones;
  BY variables;
  ENDOGENOUS variables;
  IDENTITY identidades;
  INSTRUMENTS variables;
  MODEL respuesta = regresores / opciones;
  OUTPUT PREDICTED=variable **RESIDUAL**=variable;
  RESTRICT restricciones;
  SRESTRICT restricciones;
  STEST equaciones;
  TEST equaciones;
  VAR variables;
  WEIGHT variable;

Las opciones de PROC SYSLIN son DATA=conjunto de datos de entrada, OUT=conjunto de datos de salida, OUTEST=conjunto de datos con parámetros estimados, OUTCOV escribe la matriz de covarianzas de los parámetros estimados, OUTCOV3 escribe la matriz de covarianzas para cada ecuación del modelo, OTSSCP escribe la matriz de sumas de cuadrados y productos cruzados, 2SLS para estimar por mínimos cuadrados en dos etapas, 3SLS para estimar por mínimos cuadrados en tres etapas, FIML para estimar por máxima verosimilitud con información completa, ITSUR para estimar por regresión aparentemente relacionada iterada, IT3SLS para estimar por mínimos cuadrados trietápicos iterados, K=valor para estimar por el método de las *k* clases, LIML para estimar por máxima verosimilitud con información limitada, MELO para estimar por el método de la mínima pérdida esperada, OLS para estimar por mínimos cuadrados ordinarios y SUR para estimar por regresión aparentemente relacionada, ALL para imprimir todo, ALPHA=nivel de significación CONVERGE= valor de convergencia FIRST para imprimir estadísticos de primera etapa, ITPRINT para imprimir proceso iterativo, MAXITER=n para número máximo de iteraciones, NOINCLUDE para excluir restricciones en varias etapas, NOPRINT para evitar el output, REDUCED para obtener salida simplificada, SDIAG usa la diagonal de la matriz de covarianzas de los errores para la estimación, SIMPLE para imprimir estadísticos descriptivos para las variables, SINGULAR=valor de singularidad, USSCP escribe la matriz de sumas de cuadrados sin desviar de la media y VARDEF= DF | N | WEIGHT | WGT para considerar distintos denominadores en la varianza.

La sentencia BY se utiliza para realizar análisis separados según los valores de las variables especificadas.

La sentencia ENDOGENOUS declara el conjunto de variables dependientes que son proyectadas en primera etapa a través de variables instrumentos (por defecto son todas las variables dependientes del modelo incluidas las de IDENTITY que no aparecen en la sentencia INSTRUMENT). La sentencia IDENTITY especifica relaciones lineales entre las variables para escribir en OUTEST=conjunto de datos. La sentencia INSTRUMENT declara las variables utilizadas como instrumentos en primera etapa para los métodos de estimación 2SLS, 3SLS, IT3SLS, LIML, MELO, y K-clases. La sentencia RESTRICT sitúa restricciones en los parámetros estimados para la sentencia MODEL precedente. La sentencia SRESTRICT sitúa restricciones lineales en dos o más sentencias MODEL. La sentencia TEST ejecuta el test de la F de relaciones lineales entre los parámetros de la última sentencia MODEL. La sentencia STEST ejecuta el test de la F de relaciones lineales entre los parámetros de dos o más sentencias MODEL. La sentencia VAR incluye variables para la matriz de productos cruzados que no se definen en MODEL. La sentencia WEIGHT define ponderaciones para las observaciones. La sentencia OUTPUT escribe predicciones o residuos del modelo precedente.

La sentencia MODEL define las ecuaciones del modelo y admite como opciones ALL ALPHA=nivel de significación, CORRB y COVB para mostrar matrices de correlaciones y covarianzas, DW para el estadístico de Durbin-Watson, I para imprimir $(X'X)^{-1}$, K=valor de estimación por K-clase, NOINT para modelo sin constante, NOPRINT para evitar el output, OVERID para el test de Bassman sobre las restricciones, PLOT para graficar residuos contra regresores, STB para imprimir parámetros estandarizados estimados,UNREST imprime parámetros estimados antes de restricciones y XPX imprime la matriz de productos cruzados X'X.

Como ejemplo consideramos el modelo de Klein que está formado por las ecuaciones siguientes:

$$\begin{cases} C_t = b_0 + b_1 P_t + b_2 P_{t-1} + b_3 (W_t + Wp_t) + u_t \\ I_t = b'_0 + b'_1 P_t + b'_2 P_{t-1} + b'_3 K_{t-1} + u'_t \\ W_t = b''_0 + b''_1 X_t + b''_2 X_{t-1} + b''_3 Y_t + u''_t \\ Y_t = C_t + I_t + G_t - t_t \end{cases}$$

donde C_t es el consumo agregado en el año t, P_t es el beneficio total en el año t, W_t es el salario privado en el año t, Wp_t es el salario público en el año t, $Wsum_t = W_t + Wp_t$ es el salario total, I_t es la inversión neta en el año t, K_t es el stock de capital en el año t, X_t es la producción total de la industria en el año t, Y_t es el ingreso nacional en el año t, G_t es el gasto público en el año t y t_t son los impuestos en el año t.

Ajustaremos este modelo considerando C, P, W, I, X, Wsum, K e Y como variables endógenas y Wp, G, t, Yr=Year-1931 y los retardos de K, P y X como instrumentos, utilizando el método de máxima verosimilitud con información limitada.

```
data klein;
      input year c p w i x wp g t k wsum;
      date=mdy(1,1,year);
      format date monyy.;
      y   =c+i+g-t;
      yr  =year-1931;
      klag=lag(k);
      plag=lag(p);
      xlag=lag(x);
   cards;
 1920     .  12.7     .     .  44.9     .      .      .  182.8     .
 1921  41.9  12.4  25.5  -0.2  45.6   2.7    3.9    7.7  182.6  28.2
 1922  45.0  16.9  29.3   1.9  50.1   2.9    3.2    3.9  184.5  32.2
 1923  49.2  18.4  34.1   5.2  57.2   2.9    2.8    4.7  189.7  37.0
 1924  50.6  19.4  33.9   3.0  57.1   3.1    3.5    3.8  192.7  37.0
 1925  52.6  20.1  35.4   5.1  61.0   3.2    3.3    5.5  197.8  38.6
 1926  55.1  19.6  37.4   5.6  64.0   3.3    3.3    7.0  203.4  40.7
 1927  56.2  19.8  37.9   4.2  64.4   3.6    4.0    6.7  207.6  41.5
 1928  57.3  21.1  39.2   3.0  64.5   3.7    4.2    4.2  210.6  42.9
 1929  57.8  21.7  41.3   5.1  67.0   4.0    4.1    4.0  215.7  45.3
 1930  55.0  15.6  37.9   1.0  61.2   4.2    5.2    7.7  216.7  42.1
```

```
1931  50.9  11.4  34.5 -3.4  53.4  4.8   5.9   7.5  213.3  39.3
1932  45.6   7.0  29.0 -6.2  44.3  5.3   4.9   8.3  207.1  34.3
1933  46.5  11.2  28.5 -5.1  45.1  5.6   3.7   5.4  202.0  34.1
1934  48.7  12.3  30.6 -3.0  49.7  6.0   4.0   6.8  199.0  36.6
1935  51.3  14.0  33.2 -1.3  54.4  6.1   4.4   7.2  197.7  39.3
1936  57.7  17.6  36.8  2.1  62.7  7.4   2.9   8.3  199.8  44.2
1937  58.7  17.3  41.0  2.0  65.0  6.7   4.3   6.7  201.8  47.7
1938  57.5  15.3  38.2 -1.9  60.9  7.7   5.3   7.4  199.9  45.9
1939  61.6  19.0  41.6  1.3  69.5  7.8   6.6   8.9  201.2  49.4
1940  65.0  21.1  45.0  3.3  75.7  8.0   7.4   9.6  204.5  53.0
1941  69.7  23.5  53.3  4.9  88.4  8.5  13.8  11.6  209.4  61.8
 ;
proc syslin data=klein outest=b liml;
     endogenous c p w i x wsum k y;
     instruments klag plag xlag wp g t yr;
     consumo:   model c = p plag  wsum;
     inversion: model i = p plag  klag;
     trabajo:   model w = x xlag  yr;
run;
proc print data=b; run;
```

La salida es la siguiente:

```
                    The SYSLIN Procedure
       Limited-Information Maximum Likelihood Estimation

              Model                     CONSUMO
              Dependent Variable              c


                   Análisis de varianza
```

Fuente	DF	Suma de cuadrados	Cuadrado de la media	F-Valor	Pr > F
Model	3	854.3541	284.7847	118.42	<.0001
Error	17	40.88419	2.404952		
Corrected Total	20	941.4295			

Root MSE	1.55079	R-Square	0.95433
Dependent Mean	53.99524	Adj R-Sq	0.94627
Coeff Var	2.87209		

Estimadores de parámetros

Variable	DF	Estimadores de parámetros	Error estándar	Valor t	Pr > |t|
Intercept	1	17.14765	2.045374	8.38	<.0001
p	1	-0.22251	0.224230	-0.99	0.3349
plag	1	0.396027	0.192943	2.05	0.0558
wsum	1	0.822559	0.061549	13.36	<.0001

NOTA: K-Class Estimation with K=1.4987455056

```
                    The SYSLIN Procedure
       Limited-Information Maximum Likelihood Estimation
```

Model	INVERSIO
Dependent Variable	i

Análisis de varianza

Fuente	DF	Suma de cuadrados	Cuadrado de la media	F-Valor	Pr > F
Model	3	210.3790	70.12634	34.06	<.0001
Error	17	34.99649	2.058617		
Corrected Total	20	252.3267			

Root MSE	1.43479	R-Square	0.85738
Dependent Mean	1.26667	Adj R-Sq	0.83221
Coeff Var	113.27274		

Estimadores de parámetros

Variable	DF	Estimadores de parámetros	Error estándar	Valor t	Pr > |t|
Intercept	1	22.59083	9.498146	2.38	0.0294
p	1	0.075185	0.224712	0.33	0.7420
plag	1	0.680386	0.209145	3.25	0.0047
klag	1	-0.16826	0.045345	-3.71	0.0017

NOTA: K-Class Estimation with K=1.0859528454

The SYSLIN Procedure
Limited-Information Maximum Likelihood Estimation

Model	TRABAJO
Dependent Variable	w

Análisis de varianza

Fuente	DF	Suma de cuadrados	Cuadrado de la media	F-Valor	Pr > F
Model	3	696.1485	232.0495	393.62	<.0001
Error	17	10.02192	0.589525		
Corrected Total	20	794.9095			

Root MSE	0.76781	R-Square	0.98581
Dependent Mean	36.36190	Adj R-Sq	0.98330
Coeff Var	2.11156		

Estimadores de parámetros

Variable	DF	Estimadores de parámetros	Error estándar	Valor t	Pr > |t|
Intercept	1	1.526187	1.320838	1.16	0.2639
x	1	0.433941	0.075507	5.75	<.0001
xlag	1	0.151321	0.074527	2.03	0.0583
yr	1	0.131593	0.035995	3.66	0.0020

NOTA: K-Class Estimation with K=2.468582566

Por su parte, el procedimiento MODEL permite estimar sistemas de ecuaciones de regresión no lineales mediante mínimos cuadrados ordinarios, 2 etapas, 3 etapas, regresiones aparentemente relacionadas y máxima verosimilitud. También permite simulación de Montecarlo, programación lineal, estimar modelos dinámicos, modelos con cambio estructural y resolver ecuaciones diferenciales ordinarias. Su sintaxis es la siguiente:

PROC MODEL opciones;
ABORT;
ARRAY arraynombre variables ...;
ATTRIB variables-lista atributos-lista [variable-lista atributos-lista]**;**
BOUNDS límite1, límite2 ...;
BY variables**;**
CALL nombre [(expresión [, expresión ...])];
CONTROL variable [valor] ...;
DELETE;
DO [*variable = expresión* [TO *expresión*] [BY *expresión*]
[, *expresión* **TO** *expresión*] [**BY** *expresión*] ...]
[**WHILE** *expresión*] [**UNTIL** *expresión*];
END;
DROP variable ...;
ENDOGENOUS variable [valores iniciales] ...;
ESTIMATE item [, item ...] [,/ opciones];
EXOGENOUS variable [valores iniciales] ...;
FIT equaciones [**PARMS**=(parámetros valores ...)]
START=***(parámetros values ...)***
[**DROP=*(parámetross)***] [/ opciones]**;**
FORMAT variables [format] [**DEFAULT** = formato-defecto]**;**
GOTO etiqueta_instrucción;
ID variables**;**
IF expresión;
IF expresión **THEN** instrucción_programación;
ELSE instrucción_programación**;**
variable = expresión;
variable + expresión;
INCLUDE modelo ficheros ...;
INSTRUMENTS [instrumentos] [**_EXOG_**]
[**EXCLUDE**=(parámetros)] [*/ opciones*];
KEEP variable ...;
LABEL variable ='label' ...;
LENGTH variables [**$**] length ... [**DEFAULT**=length]**;**
LINK etiqueta_instrucción;
OUTVARS variable ...;
PARÁMETROSS variable [valor] variable [valor] ...;
PUT print_item ... [@] [@@];
RANGE variable [= first] [**TO** last]**;**
RENOMBRE viejo-nombre =nuevo-nombre ... [viejo-nombre=nuevo-nombre]**;**
RESET opciones**;**

RESTRICT restricción1 [, restricción2 ...];
RETAIN variables valores [variables valores...];
RETURN;
SOLVE variables [**SATISFY**=(ecuaciones)] [/ opciones];
SUBSTR(variable, index, length) = expresión;
SELECT [(expresión)];
OTHERWISE instrucción_programación;
STOP;
TEST ["nombre"] test1 [, test2 ...] [,/ opciones];
VAR variable [valores iniciales] ...;
WEIGHT variable;
WHEN (expresión) instrucción_programación;

La gran variedad de opciones de este procedimiento exige la consulta del manual, pero la mayoría ya han sido vistas en el procedimiento SYSLIN. No obstante, todas ellas son intuitivas.

Como ejemplo se muestra la estimación del modelo de Klein siguiente:

$$\begin{cases} C_t = b_0 + b_1 P_t + b_2 P_{t-1} + b_3 (W_t + Wp_t) + u_t \\ I_t = b'_0 + b'_1 P_t + b'_2 P_{t-1} + b'_3 K_{t-1} + u'_t \\ W_t = b''_0 + b''_1 X_t + b''_2 X_{t-1} + b''_3 Y_t + u''_t \\ X_t = C_t + I_t + G_t \\ Y_t = C_t + I_t + G_t - t_t \end{cases}$$

Se utilizará la siguiente sintaxis SAS:

```
data klein;
   input year c p w i x wp g t k wsum;
   date=mdy(1,1,year);
   format date monyy.;
   y   =c+i+g-t;
   yr  =year-1931;
   klag=lag(k);
   plag=lag(p);
   xlag=lag(x);
   label year='Year'
         date='Date'
         c   ='Consumo'
         p   ='Beneficios'
         w   ='Salario privado'
         i   ='Inversion'
         k   ='Stock de Capital'
         y   ='Ingreso nacional'
         x   ='Producción privada'
         wsum='Salario total'
         wp  ='Salario público'
```

```
         g    ='Gasto público'
         i    ='Impuestos'
         klag='Stock de capital retardado'
         plag='Beneficios retardados'
         xlag='Producción privada retardada'
         yr   ='YEAR-1931';
datalines;
1920     .  12.7     .    .  44.9     .     .     .  182.8     .
1921  41.9  12.4  25.5 -0.2  45.6   2.7   3.9   7.7  182.6  28.2
1922  45.0  16.9  29.3  1.9  50.1   2.9   3.2   3.9  184.5  32.2
1923  49.2  18.4  34.1  5.2  57.2   2.9   2.8   4.7  189.7  37.0
1924  50.6  19.4  33.9  3.0  57.1   3.1   3.5   3.8  192.7  37.0
1925  52.6  20.1  35.4  5.1  61.0   3.2   3.3   5.5  197.8  38.6
1926  55.1  19.6  37.4  5.6  64.0   3.3   3.3   7.0  203.4  40.7
1927  56.2  19.8  37.9  4.2  64.4   3.6   4.0   6.7  207.6  41.5
1928  57.3  21.1  39.2  3.0  64.5   3.7   4.2   4.2  210.6  42.9
1929  57.8  21.7  41.3  5.1  67.0   4.0   4.1   4.0  215.7  45.3
1930  55.0  15.6  37.9  1.0  61.2   4.2   5.2   7.7  216.7  42.1
1931  50.9  11.4  34.5 -3.4  53.4   4.8   5.9   7.5  213.3  39.3
1932  45.6   7.0  29.0 -6.2  44.3   5.3   4.9   8.3  207.1  34.3
1933  46.5  11.2  28.5 -5.1  45.1   5.6   3.7   5.4  202.0  34.1
1934  48.7  12.3  30.6 -3.0  49.7   6.0   4.0   6.8  199.0  36.6
1935  51.3  14.0  33.2 -1.3  54.4   6.1   4.4   7.2  197.7  39.3
1936  57.7  17.6  36.8  2.1  62.7   7.4   2.9   8.3  199.8  44.2
1937  58.7  17.3  41.0  2.0  65.0   6.7   4.3   6.7  201.8  47.7
1938  57.5  15.3  38.2 -1.9  60.9   7.7   5.3   7.4  199.9  45.9
1939  61.6  19.0  41.6  1.3  69.5   7.8   6.6   8.9  201.2  49.4
1940  65.0  21.1  45.0  3.3  75.7   8.0   7.4   9.6  204.5  53.0
1941  69.7  23.5  53.3  4.9  88.4   8.5  13.8  11.6  209.4  61.8
;
proc model data=klein out=sur;
   endogenous c p w i x wsum k y;
   exogenous  wp g t year;
   parms c0-c3 i0-i3 w0-w3;
   a: c = c0 + c1 * p + c2 * lag(p) + c3 * wsum;
   b: i = i0 + i1 * p + i2 * lag(p) + i3 * lag(k);
   c: w = w0 + w1 * x + w2 * lag(x) + w3 * year;
   x = c + i + g;
   y = c + i + g-t;
   p = x-w-t;
   k = lag(k) + i;
   wsum = w + wp;
   id year;
   fit c i w / sur;
run;
```

La salida presenta la estimación del modelo por el método SUR:

```
                The MODEL Procedure

                  Model Summary

            Model Variables          12
            Endogenous                8
            Exogenous                 4
            Parameters               12
            ID Variables              1
            Equations                 8
```

```
                  Number of Statements      8
                  Program Lag Length        1
      Model Variables  c p w i x wsum k y wp g t year
           Parameters  c0 c1 c2 c3 i0 i1 i2 i3 w0 w1 w2 w3
            Equations  c i w x y p k wsum

                 The 3 Equations to Estimate

               c =  F(c0(1), c1, c2, c3(wsum))
               i =  F(i0(1), i1, i2, i3)
               w =  F(w0(1), w1, w2, w3(year))

                The estimation lag length    1

NOTA: At SUR Iteration 1 CONVERGE=0.001 Criteria Met.

                     The MODEL Procedure
                    SUR Estimation Summary

                       Data Set Options

                        DATA=    KLEIN
                        OUT=     SUR

                    Minimization Summary

              Parameters Estimated           12
              Method                      Gauss
              Iterations                      1

                 Final Convergence Criteria

                 R                  1.37E-11
                 PPC                2.66E-11
                 RPC(i0)            0.276865
                 Object             0.045348
                 Trace(S)           2.733381
                 Objective Value    2.318441


                   Observations Processed

                        Read      22
                        Solved    21
                        First      2
                        Last      22
                        Lagged     1

                     The MODEL Procedure

           No lineal SUR Resumen de errores residuales
```

Ecuación	Modelo DF	Error DF	SSE	MSE	Raiz MSE	R-cuadrado	R-Sq adj	Etiqueta
c	4	17	18.0979	1.0646	1.0318	0.9808	0.9774	Consumo
i	4	17	17.6061	1.0357	1.0177	0.9302	0.9179	Impuestos
w	4	17	10.7634	0.6331	0.7957	0.9865	0.9841	Salario privado

No lineal SUR Parameter Estimadores

Parameter	Estimador	Err std aprox	Valor t	Aprox Pr > |t|
c0	15.98052	1.2989	12.30	<.0001
c1	0.230159	0.0852	2.70	0.0152
c2	0.067287	0.0855	0.79	0.4422
c3	0.796156	0.0392	20.32	<.0001
i0	12.92927	5.3364	2.42	0.0269
i1	0.44286	0.0957	4.63	0.0002
i2	0.36548	0.0994	3.68	0.0019
i3	-0.12533	0.0261	-4.81	0.0002
w0	-299.304	58.6399	-5.10	<.0001
w1	0.409828	0.0303	13.53	<.0001
w2	0.174424	0.0347	5.03	0.0001
w3	0.155846	0.0307	5.08	<.0001

Número de observaciones		Estadísticos para el sistema	
Used	21	Objective	2.3184
Missing	0	Objective*N	48.6873

La estimación resulta bastante apropiada porque todos los p-valores para los parámetros estimados (salvo el de c2) son muy pequeños.

1.7 STATA Y LOS MODELOS DE ECUACIONES LINEALES SIMULTÁNEAS

STATA permite la estimación de modelos de ecuaciones simultáneas mediante la sentencia *reg3*. Este procedimiento dispone de muchas opciones. Las más importantes se especifican a continuación:

ireg3: el procedimiento itera hasta alcanzar la convergencia de las estimaciones.
constraint(restricciones): aplica restricciones lineales especificadas.
exog(variables): variables exógenas no especificadas en las ecuaciones del sistema.
endog(variables): variables endógenas adicionales.
inst(variables): lista completa de variables exógenas.
allexog: todas las variables de lado derecho son exógenas.
noconstant: suprime el término constante de la lista de instrumentos.
3*sls*: ajuste por mínimos cuadrados en tres etapas (trietápicos). Opción por defecto.
2*sls*: ajuste por mínimos cuadrados en dos etapas.
Ols: ajuste por mínimos cuadrados ordinarios.
Sure: ajuste por el método SUR
Mvreg: método SURE con ajuste OLS de grados de libertad.
Small: informe estadístico de muestras pequeñas.
Level(valor): sitúa el nivel de confianza

Como ejemplo estimaremos por mínimos cuadrados trietápicos el siguiente modelo de Klein:

$$c = \beta_0 + \beta_1 p + \beta_2 p1 + \beta_3 w + e_1$$
$$i = \beta_4 + \beta_5 p + \beta_6 p1 + \beta_7 k1 + e_2$$
$$wp = \beta_8 + \beta_9 y + \beta_{10} y1 + \beta_{11} yr + e_3$$
$$y = c + i + g$$
$$p = y - t - wp$$
$$k = k1 + i$$
$$w = wg + wp$$

La variable c representa el consumo, p los beneficios de la industria privada, $p1$ los beneficios de la industria privada en los últimos años, wp el salario privado, wg el salario público, w el salario total, i la inversión, $k1$ el stock de capital en el último año, y el ingreso total sobre la demanda, $y1$ el ingreso total en el último año, g el gasto público, t los impuestos e yr es el año.

```
. use http://www.stata-press.com/data/r9/kleinAbr
. reg3 (c p p1 w) (i p p1 k1) (wp y y1 yr), endog(w p y) exog(t wg g)

Three-stage least-squares regression
----------------------------------------------------------------------
Equation          Obs  Parms        RMSE    "R-sq"       chi2        P
----------------------------------------------------------------------
c                  21      3    .9443305    0.9801     864.59   0.0000
i                  21      3    1.446736    0.8258     162.98   0.0000
wp                 21      3    .7211282    0.9863    1594.75   0.0000
----------------------------------------------------------------------

------------------------------------------------------------------------------
             |      Coef.   Std. Err.      z    P>|z|     [95% Conf. Interval]
-------------+----------------------------------------------------------------
c            |
           p |   .1248904   .1081291     1.16   0.248    -.0870387    .3368194
          p1 |   .1631439   .1004382     1.62   0.104    -.0337113    .3599992
           w |    .790081   .0379379    20.83   0.000      .715724    .8644379
       _cons |   16.44079   1.304549    12.60   0.000     13.88392    18.99766
-------------+----------------------------------------------------------------
i            |
           p |  -.0130791   .1618962    -0.08   0.936    -.3303898    .3042316
          p1 |   .7557238   .1529331     4.94   0.000     .4559805    1.055467
      _cons |   28.17785   6.793768     4.15   0.000     14.86231    41.49339
-------------+----------------------------------------------------------------
wp           |
           y |   .4004919   .0318134    12.59   0.000     .3381388     .462845
          y1 |    .181291   .0341588     5.31   0.000     .1143411    .2482409
          yr |    .149674   .0279352     5.36   0.000      .094922    .2044261
       _cons |   1.797216   1.115854     1.61   0.107    -.3898181    3.984251
------------------------------------------------------------------------------
Endogenous variables:  c i wp w p y

Exogenous variables:   p1 k1 y1 yr t wg g
```

La estimación del sistema anterior puede realizarse mediante el método SURE como sigue:

```
. reg3 (c p p1 w) (i p p1 k1) (wp y y1 yr), endog(w p y) exog(t wg g) sure

Seemingly unrelated regression
----------------------------------------------------------------------
Equation          Obs  Parms        RMSE    "R-sq"       chi2        P
----------------------------------------------------------------------
c                  21      3     .928335    0.9808    1107.50   0.0000
i                  21      3    .9156342    0.9302     288.44   0.0000
wp                 21      3     .715922    0.9865    1680.04   0.0000
----------------------------------------------------------------------

------------------------------------------------------------------------------
             |      Coef.   Std. Err.      z    P>|z|     [95% Conf. Interval]
-------------+----------------------------------------------------------------
c            |
           p |   .2301588   .0766927     3.00   0.003     .0798439    .3804737
          p1 |   .0672873   .0769357     0.87   0.382    -.0835039    .2180785
           w |   .7961561   .0352521    22.58   0.000     .7270633    .8652489
       _cons |   15.98052   1.168695    13.67   0.000     13.68992    18.27112
-------------+----------------------------------------------------------------
i            |
           p |   .4428597    .086075     5.15   0.000     .2741558    .6115635
          p1 |   .3654797   .0894313     4.09   0.000     .1901976    .5407617
          k1 |  -.1253291   .0234593    -5.34   0.000    -.1713084   -.0793498
       _cons |   12.92927   4.801366     2.69   0.007     3.518769    22.33978
-------------+----------------------------------------------------------------
wp           |
           y |   .4098279   .0272549    15.04   0.000     .3564092    .4632466
          y1 |   .1744238   .0311783     5.59   0.000     .1133155    .2355322
          yr |   .1558458   .0275776     5.65   0.000     .1017946    .2098969
       _cons |   1.634724    1.11732     1.46   0.143    -.5551828     3.82463
------------------------------------------------------------------------------
```

Ejercicio 1-1. Consideramos el archivo 1-1.wf1 que contiene información correspondiente al periodo 1970-1997 relativa a las macromagnitudes: Gasto público (G), Consumo privado nacional (C), Importaciones (IM), Renta (Y), Recaudación directa (T), Exportaciones (X) e Inversión privada nacional (I). Supongamos que los agregados macroeconómicos anteriores pueden relacionarse según el siguiente sistema de ecuaciones simultáneas:

$$C_t = \alpha_1 + \alpha_2 Y_t + \alpha_3 C_{t-1} + \alpha_4 T_t + u_{1t}$$
$$I_t = \beta_1 + \beta_2 Y_{t-1} + u_{2t}$$
$$T_t = \gamma_1 + \gamma_2 Y_t + u_{3t}$$
$$IM_t = \delta_1 + \delta_2 Y_t + \delta_3 Y_{t-1} + \delta_4 IM_{t-1} + u_{4t}$$
$$Y_t \equiv C_t + I_t + G_t + X_t - IM_t$$

Realizar la identificación de los parámetros del sistema a través de las condiciones de orden y de rango y estimar la forma estructural del modelo utilizando métodos robustos a la heteroscedasticidad y a la autocorrelación.

El modelo de ecuaciones simultáneas tiene 5 variables endógenas (C_t, I_t, T_t, IM_t, Y_t), es decir, $G = 5$. También tiene 6 variables predeterminadas (C_{t-1} Y_{t-1} IM_{t-1} X_t, G_t y la constante), por tanto $K = 6$. Además, la tabla siguiente muestra los valores para la ***identificación de las dos ecuaciones a través de la condición de orden***.

	Variables endógenas incluidas (*g*)	Variables exógenas incluidas (G-g)	Variables predeterminadas incluidas (*k*)	Variables predeterminadas excluidas (K-*k*)	Identificación
Primera ecuación	3	5-3 = 2	2	6-2 = 4	K-k = 4>g-1 =2 **Sobreidentificada**
Segunda ecuación	1	5-1 = 4	2	6-2 = 4	K-k = 4 > g-1=0 **Sobreidentificada**
Tercera ecuación	2	5-2 = 3	1	6-1 = 5	K-k =5>g-1 = 1 **Sobreidentificada**
Cuarta ecuación	2	5-2 = 3	3	6-3 = 3	K-k =3>g-1 = 1 **Sobreidentificada**

Vamos a realizar ahora la ***identificación del sistema de ecuaciones simultáneas a través de la condición de rango***. Sea ***A*** la matriz $G \times (G + k)$ de todos los coeficientes estructurales. Como:

$$\begin{cases} C_t = \alpha_1 + \alpha_2 Y_t + \alpha_3 C_{t-1} + \alpha_4 T_t + u_{1t} \\ I_t = \beta_1 + \beta_2 Y_{t-1} + u_{2t} \\ T_t = \gamma_1 + \gamma_2 Y_t + u_{3t} \\ IM_t = \delta_1 + \delta_2 Y_t + \delta_3 Y_{t-1} + \delta_4 IM_{t-1} + u_{4t} \\ Y_t \equiv C_t + I_t + G_t + X_t - IM_t \end{cases} \Rightarrow \begin{cases} C_t - \alpha_4 T - \alpha_2 Y_{tt} = \alpha_1 + \alpha_3 C_{t-1} + u_{1t} \\ I_t = \beta_1 + \beta_2 Y_{t-1} + u_{2t} \\ T_t - \gamma_2 Y_t = \gamma_1 + u_{3t} \\ IM_t - \delta_2 Y_t = \delta_1 + \delta_3 Y_{t-1} + \delta_4 IM_{t-1} + u_{4t} \\ -C_t - I_t + IM_t + Y_t = G_t + X_t \end{cases}$$

tenemos:

$$\begin{matrix} C_t & I_t & T_t & IM_t & Y_t & Cte & C_{t-1} & Y_{t-1} & IM_{t-1} & G_t & X_t \end{matrix}$$
$$\begin{pmatrix} 1 & 0 & -\alpha_4 & 0 & -\alpha_2 & -\alpha_1 & -\alpha_3 & 0 & 0 & 0 & 0 \\ 0 & 1 & 0 & 0 & 0 & -\beta_1 & 0 & -\beta_2 & 0 & 0 & 0 \\ 0 & 0 & 1 & 0 & -\gamma_2 & -\gamma_1 & 0 & 0 & 0 & 0 & 0 \\ 0 & 0 & 0 & 1 & -\delta_2 & -\delta_1 & 0 & -\delta_3 & -\delta_4 & 0 & 0 \\ -1 & 1 & 0 & 1 & 1 & 0 & 0 & 0 & 0 & -1 & -1 \end{pmatrix}$$

Ahora calcularemos los rangos de las submatrices de las variables excluidas en la ecuación que se quiere identificar. Para la primera ecuación ese rango es $3 < G\text{-}1 = 4$, pero como hay más de un determinante de orden 3 distinto de cero, la primera ecuación resulta exactamente identificada. Para las restantes ecuaciones ese rango es 4

= G-1, pero como en todos los casos hay más de un determinante de orden 4 distinto de cero, las tres restantes ecuaciones resultan sobreidentificadas.

Como hay una ecuación exactamente identificada y las otras tres ecuaciones están sobreidentificadas, realizaremos la estimación del modelo de ecuaciones simultáneas mediante el método MC2E. Pero como el problema pide la estimación mediante métodos robustos a la heteroscedasticidad utilizaremos MC2E ponderados.

Para realizar la ***estimación de las cuatro ecuaciones por MC2E ponderados con Eviews***, en primer lugar diseñamos el sistema de ecuaciones. Para ello elegimos *Object* → *New Object* → *System* y le damos el nombre SYS3 (Figura 1-23). Pulsamos *OK* y en la pantalla *System* se escriben las ecuaciones del sistema y todos los posibles instrumentos (variables predeterminadas) tal y como se indica en la Figura 1-24. A continuación pulsamos el botón *Estimate* y en el campo *Method* de la solapa *Estimation Method* de la pantalla *System Estimation* elegimos *Weighted Two Stage Least Squares* (Figura 1-25). Al pulsar *Aceptar* se obtiene la estimación por MC2E de las cuatro ecuaciones del sistema de ecuaciones simultáneas (Figuras 1-26 y 1-27). Se observa buena significatividad de los coeficientes estimados salvo la constante $C(3)$ y $C(4)$, buenos coeficientes de determinación y estadísticos de Durbin-Watson bastante lejanos de 2 para las tres primeras ecuaciones, lo que indica que podrían existir problemas de autocorrelación serial.

Como no se salva el problema de la autocorrelación, sería conveniente estimar por mínimos cuadrados en dos etapas cada una de las ecuaciones por separado corrigiéndolas de autocorrelación con la introducción de los términos AR y MA necesarios y de heteroscedasticidad tal y como se hizo en el problema anterior.

Alternativamente, puede utilizarse el ***Método Generalizado de los Momentos GMM con corrección de White*** (Figura 1-28). Los resultados de la estimación son los mostrados en las Figuras 1-29 y 1-30. Se observa buena significatividad de los coeficientes estimados salvo $C(3)$ y $C(4)$, buenos coeficientes de determinación y estadísticos de Durbin-Watson bastante lejanos de 2 para las tres primeras ecuaciones, lo que indica que podrían existir problemas de autocorrelación serial. Este último método mejora la significatividad de la constante. Los resultados de la estimación por ambos métodos no difieren demasiado.

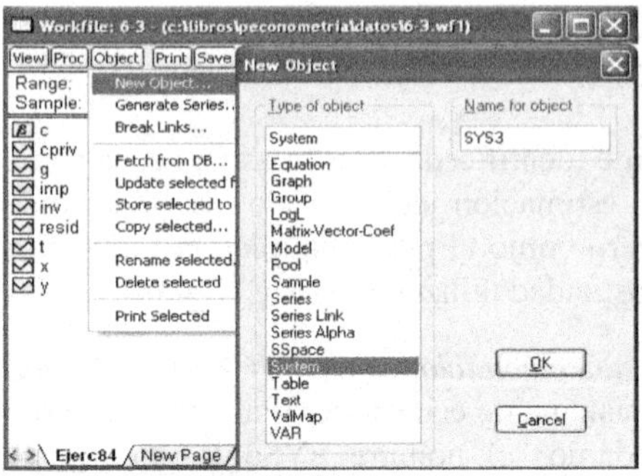

Figura 1-23

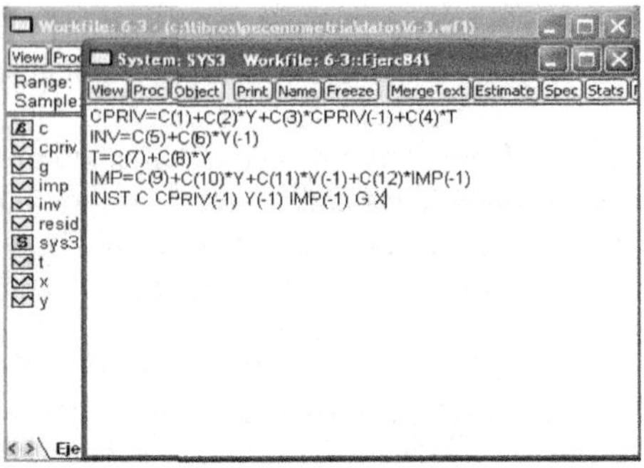

Figura 1-24

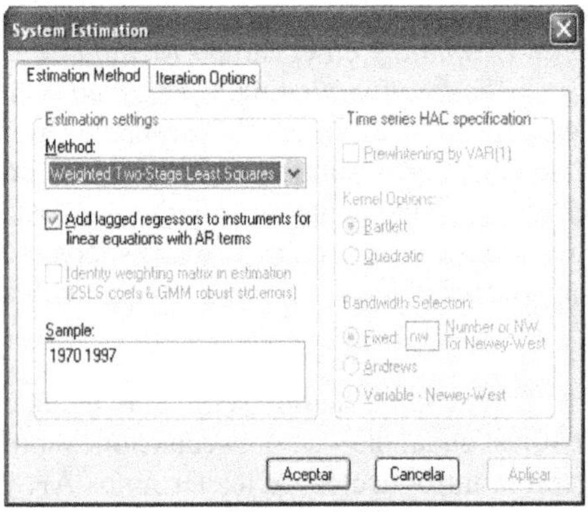

Figura 1-25

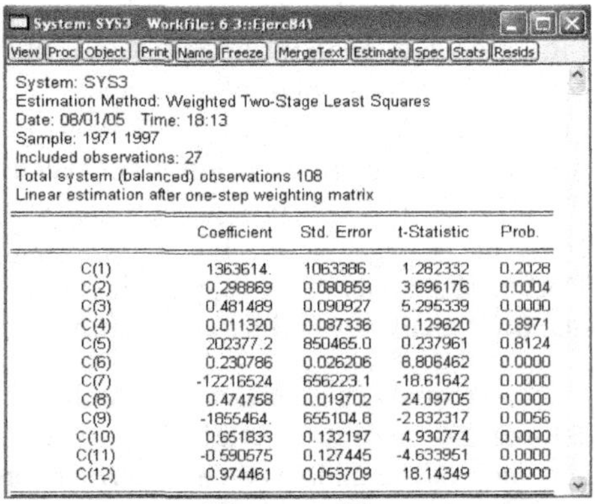

Figura 1-26

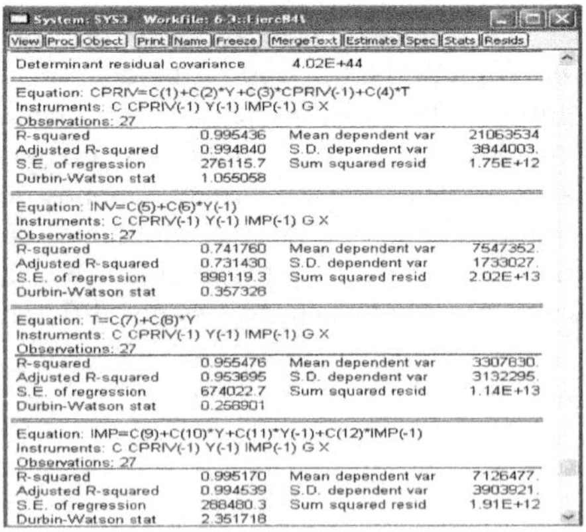

Figura 1-27

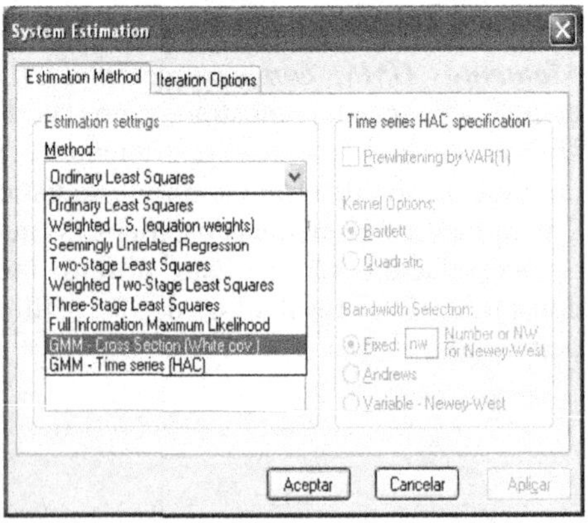

Figura 1-28

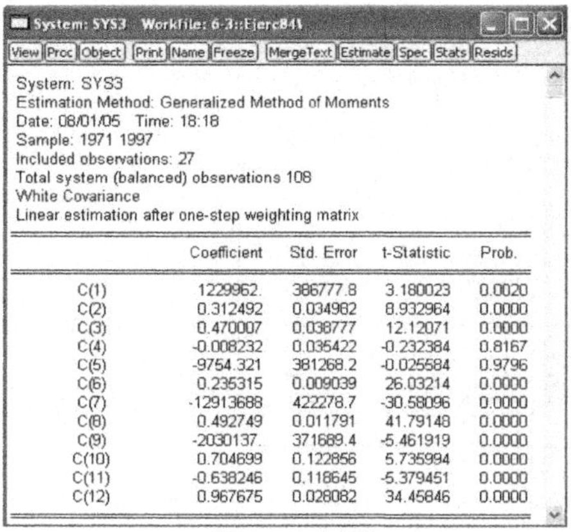

System: SYS3
Estimation Method: Generalized Method of Moments
Date: 08/01/05 Time: 18:18
Sample: 1971 1997
Included observations: 27
Total system (balanced) observations 108
White Covariance
Linear estimation after one-step weighting matrix

	Coefficient	Std. Error	t-Statistic	Prob.
C(1)	1229962.	386777.8	3.180023	0.0020
C(2)	0.312492	0.034982	8.932964	0.0000
C(3)	0.470007	0.038777	12.12071	0.0000
C(4)	-0.008232	0.035422	-0.232384	0.8167
C(5)	-9754.321	381268.2	-0.025584	0.9796
C(6)	0.235315	0.009039	26.03214	0.0000
C(7)	-12913688	422278.7	-30.58096	0.0000
C(8)	0.492749	0.011791	41.79148	0.0000
C(9)	-2030137.	371689.4	-5.461919	0.0000
C(10)	0.704699	0.122856	5.735994	0.0000
C(11)	-0.638246	0.118645	-5.379451	0.0000
C(12)	0.967675	0.028082	34.45846	0.0000

Figura 1-29

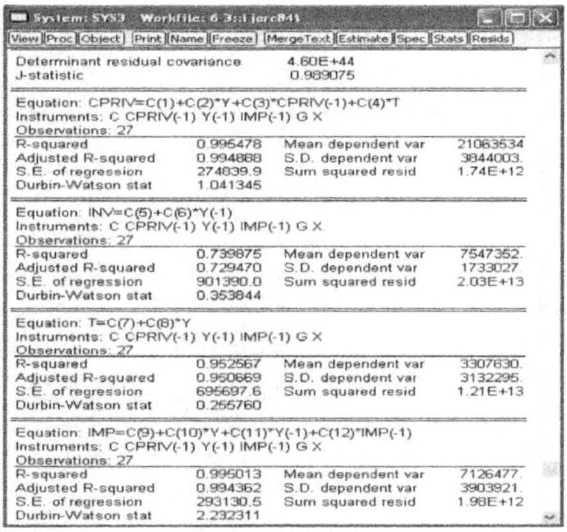

Determinant residual covariance	4.60E+44
J-statistic	0.989075

Equation: CPRIV=C(1)+C(2)*Y+C(3)*CPRIV(-1)+C(4)*T
Instruments: C CPRIV(-1) Y(-1) IMP(-1) G X
Observations: 27

R-squared	0.995478	Mean dependent var	21063534
Adjusted R-squared	0.994888	S.D. dependent var	3844003.
S.E. of regression	274839.9	Sum squared resid	1.74E+12
Durbin-Watson stat	1.041345		

Equation: INV=C(5)+C(6)*Y(-1)
Instruments: C CPRIV(-1) Y(-1) IMP(-1) G X
Observations: 27

R-squared	0.739875	Mean dependent var	7547352.
Adjusted R-squared	0.729470	S.D. dependent var	1733027.
S.E. of regression	901390.0	Sum squared resid	2.03E+13
Durbin-Watson stat	0.353844		

Equation: T=C(7)+C(8)*Y
Instruments: C CPRIV(-1) Y(-1) IMP(-1) G X
Observations: 27

R-squared	0.952567	Mean dependent var	3307630.
Adjusted R-squared	0.950669	S.D. dependent var	3132295.
S.E. of regression	695697.6	Sum squared resid	1.21E+13
Durbin-Watson stat	0.255760		

Equation: IMP=C(9)+C(10)*Y+C(11)*Y(-1)+C(12)*IMP(-1)
Instruments: C CPRIV(-1) Y(-1) IMP(-1) G X
Observations: 27

R-squared	0.995013	Mean dependent var	7126477.
Adjusted R-squared	0.994362	S.D. dependent var	3903921.
S.E. of regression	293130.5	Sum squared resid	1.98E+12
Durbin-Watson stat	2.232311		

Figura 1-30

Podríamos realizar también la ***estimación por mínimos cuadrados en tres etapas (MC3E)***. Para ello hacemos clic en *Estimate* y en el campo *Method* de la solapa *Estimation Method* de la pantalla *System Estimation* elegimos *Three Stage Least Squares* (Figura 1-31). Al pulsar *Aceptar* se obtiene la estimación por MC3E de las tres ecuaciones del sistema de ecuaciones simultáneas (Figuras 1-32 y 1-33). Se observan resultados bastante parecidos a los de los métodos anteriores. El sistema estimado es:

$$C_t = 1431507 + 0{,}283299\,Y_t + 0{,}501902\,C_{t-1} + 0{,}017949\,T_t + u_{1t}$$

$$I_t = 174710{,}1 + 0{,}231655\,Y_{t-1} + u_{2t}$$

$$T_t = -12210402 + 0{,}474571\,Y_t + u_{3t}$$

$$IM_t = -1814481 + 0{,}631648\,Y_t - 0{,}571591\,Y_{t-1} + 0{,}976751\,IM_{t-1} + u_{4t}$$

$$Y_t \equiv C_t + I_t + G_t + X_t - IM_t$$

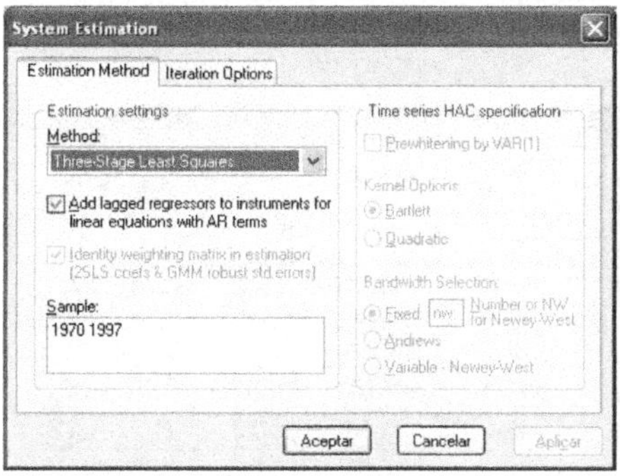

Figura 1-31

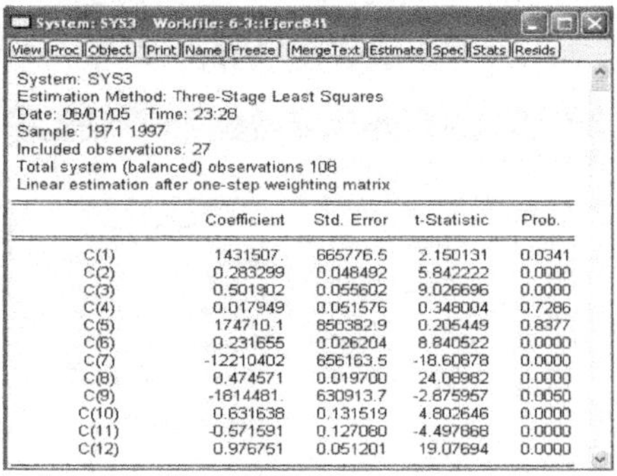

System: SYS3
Estimation Method: Three-Stage Least Squares
Date: 08/01/05 Time: 23:28
Sample: 1971 1997
Included observations: 27
Total system (balanced) observations 108
Linear estimation after one-step weighting matrix

	Coefficient	Std. Error	t-Statistic	Prob.
C(1)	1431507.	665776.5	2.150131	0.0341
C(2)	0.283299	0.048492	5.842222	0.0000
C(3)	0.501902	0.055602	9.026696	0.0000
C(4)	0.017949	0.051576	0.348004	0.7286
C(5)	174710.1	850382.9	0.205449	0.8377
C(6)	0.231655	0.026204	8.840522	0.0000
C(7)	-12210402	656163.5	-18.60878	0.0000
C(8)	0.474571	0.019700	24.08982	0.0000
C(9)	-1814481.	630913.7	-2.875957	0.0050
C(10)	0.631638	0.131519	4.802646	0.0000
C(11)	-0.571591	0.127080	-4.497868	0.0000
C(12)	0.976751	0.051201	19.07694	0.0000

Figura 1-32

System: SYS3 Workfile: 6-3::Ejerc841

View | Proc | Object | Print | Name | Freeze | MergeText | Estimate | Spec | Stats | Resids

Determinant residual covariance 4.03E+44

Equation: CPRIV=C(1)+C(2)*Y+C(3)*CPRIV(-1)+C(4)*T
Instruments: C CPRIV(-1) Y(-1) IMP(-1) G X
Observations: 27

R-squared	0.995292	Mean dependent var	21063534
Adjusted R-squared	0.994678	S.D. dependent var	3844003.
S.E. of regression	280426.3	Sum squared resid	1.81E+12
Durbin-Watson stat	1.067367		

Equation: INV=C(5)+C(6)*Y(-1)
Instruments: C CPRIV(-1) Y(-1) IMP(-1) G X
Observations: 27

R-squared	0.741749	Mean dependent var	7547352.
Adjusted R-squared	0.731419	S.D. dependent var	1733027.
S.E. of regression	898137.6	Sum squared resid	2.02E+13
Durbin-Watson stat	0.357136		

Equation: T=C(7)+C(8)*Y
Instruments: C CPRIV(-1) Y(-1) IMP(-1) G X
Observations: 27

R-squared	0.955479	Mean dependent var	3307830.
Adjusted R-squared	0.953698	S.D. dependent var	3132295.
S.E. of regression	674002.3	Sum squared resid	1.14E+13
Durbin-Watson stat	0.258784		

Equation: IMP=C(9)+C(10)*Y+C(11)*Y(-1)+C(12)*IMP(-1)
Instruments: C CPRIV(-1) Y(-1) IMP(-1) G X
Observations: 27

R-squared	0.995189	Mean dependent var	7126477.
Adjusted R-squared	0.994561	S.D. dependent var	3903921.
S.E. of regression	287899.9	Sum squared resid	1.91E+12
Durbin-Watson stat	2.385333		

Figura 1-33

No obstante, el método más robusto a la heteroscedasticidad y a la autocorrelación simultáneamente es el ***Heteroskedasticity and Autocorrelation Consistent Covariance Matrix (HAC) Method.*** Para utilizar este método hacemos clic en *Estimate* y en el campo *Method* de la solapa *Estimation Method* de la pantalla *System Estimation* elegimos *GMM-Time series (HAC)* (Figura 1-34). Al pulsar *Aceptar* se obtiene la estimación de las dos ecuaciones del sistema de ecuaciones simultáneas (Figura 1-35). Se observan resultados bastante parecidos a los métodos anteriores. El sistema estimado es ahora:

$$C_t = 1363614 + 0{,}298869\,Y_t + 0{,}481489\,C_{t-1} + 0{,}011320\,T_t + u_{1t}$$

$$I_t = 202377{,}2 + 0{,}230786\,Y_{t-1} + u_{2t}$$

$$T_t = -12216524 + 0{,}474758\,Y_t + u_{3t}$$

$$IM_t = -1855464 + 0{,}651833\,Y_t - 0{,}580575\,Y_{t-1} + 0{,}974461\,IM_{t-1} + u_{4t}$$

$$Y_t \equiv C_t + I_t + G_t + X_t - IM_t$$

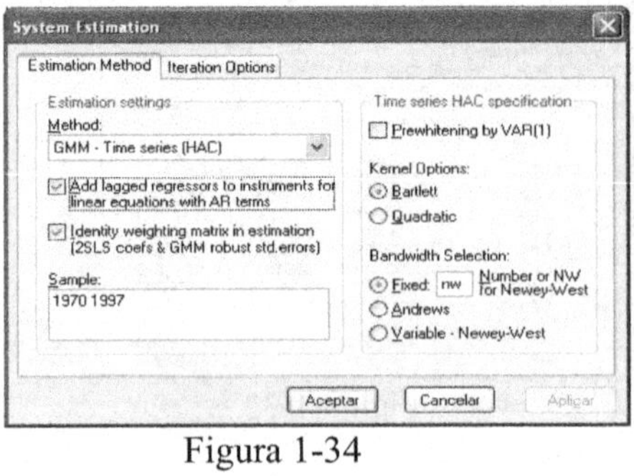

Figura 1-34

System: SYS3 Workfile: 6-3::Ejerc841

View | Proc | Object | Print | Name | Freeze | MergeText | Estimate | Spec | Stats | Resids

System: SYS3
Estimation Method: Generalized Method of Moments
Date: 08/02/05 Time: 01:02
Sample: 1971 1997
Included observations: 27
Total system (balanced) observations 108
Identity matrix estimation weights - 2SLS coefs with GMM standard errors
Kernel: Bartlett, Bandwidth: Fixed (2), No prewhitening

	Coefficient	Std. Error	t-Statistic	Prob.
C(1)	1363614.	1149082.	1.186699	0.2383
C(2)	0.298869	0.106170	2.841765	0.0055
C(3)	0.481489	0.106139	4.536416	0.0000
C(4)	0.011320	0.101994	0.110992	0.9119
C(5)	202377.2	1101739.	0.183689	0.8546
C(6)	0.230786	0.031906	7.233416	0.0000
C(7)	-12216524	1112431.	-10.98183	0.0000
C(8)	0.474758	0.031487	15.07761	0.0000
C(9)	-1855464.	383016.9	-4.844341	0.0000
C(10)	0.651833	0.124108	5.252126	0.0000
C(11)	-0.580575	0.118694	-4.975610	0.0000
C(12)	0.974461	0.032822	29.68910	0.0000

Determinant residual covariance 4.02E+44
J-statistic 2.61E+24

Figura 1-35

Ejercicio 3-2. Con los datos de la página siguiente y usando SAS, estimar mediante mínimos cuadrados trietápicos el siguiente modelo en ecuaciones simultáneas de Klein ampliado (las variables son las ya utilizadas en el modelo de Klein visto anteriormente en este capitulo):

$$C_t = b_0 + b_1 P_t + b_2 P_{t-1} + b_3 (W_t + Wp_t) + u_t$$
$$I_t = b'_0 + b'_1 P_t + b'_2 P_{t-1} + b'_3 K_{t-1} + u'_t$$
$$W_t = b''_0 + b''_1 X_t + b''_2 X_{t-1} + b''_3 Y_t + u''_t$$
$$Y_t = C_t + I_t + G_t - t_t$$
$$X_t = C_t + I_t + G_t$$
$$P_t = I_t - W_t$$
$$K_t = K_{t-1} + I_t$$

```
data klein;
      input year c p w i x wp g t k wsum;
      date=mdy(1,1,year);
      format date monyy.;
      y   =c+i+g-t;
      yr  =year-1931;
      klag=lag(k);
      plag=lag(p);
      xlag=lag(x);
   cards;
  1920     .  12.7     .     .  44.9     .     .     .  182.8     .
  1921  41.9  12.4  25.5  -0.2  45.6   2.7   3.9   7.7  182.6  28.2
  1922  45.0  16.9  29.3   1.9  50.1   2.9   3.2   3.9  184.5  32.2
  1923  49.2  18.4  34.1   5.2  57.2   2.9   2.8   4.7  189.7  37.0
  1924  50.6  19.4  33.9   3.0  57.1   3.1   3.5   3.8  192.7  37.0
  1925  52.6  20.1  35.4   5.1  61.0   3.2   3.3   5.5  197.8  38.6
  1926  55.1  19.6  37.4   5.6  64.0   3.3   3.3   7.0  203.4  40.7
  1927  56.2  19.8  37.9   4.2  64.4   3.6   4.0   6.7  207.6  41.5
  1928  57.3  21.1  39.2   3.0  64.5   3.7   4.2   4.2  210.6  42.9
  1929  57.8  21.7  41.3   5.1  67.0   4.0   4.1   4.0  215.7  45.3
  1930  55.0  15.6  37.9   1.0  61.2   4.2   5.2   7.7  216.7  42.1
  1931  50.9  11.4  34.5  -3.4  53.4   4.8   5.9   7.5  213.3  39.3
  1932  45.6   7.0  29.0  -6.2  44.3   5.3   4.9   8.3  207.1  34.3
  1933  46.5  11.2  28.5  -5.1  45.1   5.6   3.7   5.4  202.0  34.1
  1934  48.7  12.3  30.6  -3.0  49.7   6.0   4.0   6.8  199.0  36.6
  1935  51.3  14.0  33.2  -1.3  54.4   6.1   4.4   7.2  197.7  39.3
  1936  57.7  17.6  36.8   2.1  62.7   7.4   2.9   8.3  199.8  44.2
  1937  58.7  17.3  41.0   2.0  65.0   6.7   4.3   6.7  201.8  47.7
  1938  57.5  15.3  38.2  -1.9  60.9   7.7   5.3   7.4  199.9  45.9
  1939  61.6  19.0  41.6   1.3  69.5   7.8   6.6   8.9  201.2  49.4
  1940  65.0  21.1  45.0   3.3  75.7   8.0   7.4   9.6  204.5  53.0
  1941  69.7  23.5  53.3   4.9  88.4   8.5  13.8  11.6  209.4  61.8
  ;
proc syslin data=klein 3sls reduced;
      endogenous c p w i x wsum k y;
      instruments klag plag xlag wp g t yr;
      consumo:    model    c = p plag wsum;
      inversion:  model    i = p plag klag;
      trabajo:    model    w = x xlag yr;
```

```
   producto:   identity x = c + i + g;
   ingreso:    identity y = c + i + g - t;
   beneficio:  identity p = y - w;
   stock:      identity k = klag + i;
   salario:    identity wsum = w + wp;
run;
```

La salida es la siguiente:

SYSLIN Procedure
Two-Stage Least Squares Estimation

Model	CONSUMO
Dependent Variable	c

Análisis de varianza

Fuente	DF	Suma de cuadrados	Cuadrado de la media	F-Valor	Pr > F
Model	3	874.1727	291.3909	225.93	<.0001
Error	17	21.92525	1.289720		
Corrected Total	20	941.4295			

Root MSE	1.13566	R-Square	0.97553
Dependent Mean	53.99524	Adj R-Sq	0.97121
Coeff Var	2.10326		

Estimadores de parámetros

Variable	DF	Estimadores de parámetros	Error estándar	Valor t	Pr > |t|
Intercept	1	16.55476	1.467979	11.28	<.0001
p	1	0.017302	0.131205	0.13	0.8966
plag	1	0.216234	0.119222	1.81	0.0874
wsum	1	0.810183	0.044735	18.11	<.0001

Two-Stage Least Squares Estimation

Model	INVERSIO
Dependent Variable	i

Análisis de varianza

Fuente	DF	Suma de cuadrados	Cuadrado de la media	F-Valor	Pr > F
Model	3	211.1887	70.39624	41.20	<.0001
Error	17	29.04686	1.708639		
Corrected Total	20	252.3267			

Root MSE	1.30715	R-Square	0.87909
Dependent Mean	1.26667	Adj R-Sq	0.85775
Coeff Var	103.19598		

Estimadores de parámetros

Variable	DF	Estimadores de parámetros	Error estándar	Valor t	Pr > |t|
Intercept	1	20.27821	8.383249	2.42	0.0271
p	1	0.150222	0.192534	0.78	0.4460
plag	1	0.615944	0.180926	3.40	0.0034
klag	1	-0.15779	0.040152	-3.93	0.0011

Two-Stage Least Squares Estimation

Model	TRABAJO
Dependent Variable	w

Análisis de varianza

Fuente	DF	Suma de cuadrados	Cuadrado de la media	F-Valor	Pr > F
Model	3	748.9493	249.6498	424.19	<.0001
Error	17	10.00496	0.588527		
Corrected Total	20	794.9095			

Root MSE	0.76716	R-Square	0.98682
Dependent Mean	36.36190	Adj R-Sq	0.98449
Coeff Var	2.10978		

Estimadores de parámetros

Variable	**DF**	**Estimadores de parámetros**	**Error estándar**	**Valor t**	**Pr > |t|**
Intercept	**1**	**1.500297**	**1.275686**	**1.18**	**0.2558**
x	**1**	**0.438859**	**0.039603**	**11.08**	**<.0001**
xlag	**1**	**0.146674**	**0.043164**	**3.40**	**0.0034**
yr	**1**	**0.130396**	**0.032388**	**4.03**	**0.0009**

Three-Stage Least Squares Estimation

Cross Model Covariance

	CONSUMO	INVERSIO	TRABAJO
CONSUMO	1.28972	0.54087	-.475869
INVERSIO	0.54087	1.70864	0.237925
TRABAJO	-0.47587	0.23793	0.588527

Cross Model Correlation

	CONSUMO	INVERSIO	TRABAJO
CONSUMO	1.00000	0.36435	-0.54621
INVERSIO	0.36435	1.00000	0.23726
TRABAJO	-0.54621	0.23726	1.00000

Cross Model Inverse Correlation

	CONSUMO	INVERSIO	TRABAJO
CONSUMO	2.25672	-1.18119	1.51289
INVERSIO	-1.18119	1.67790	-1.04328
TRABAJO	1.51289	-1.04328	2.07388

Cross Model Inverse Covariance

	CONSUMO	INVERSIO	TRABAJO
CONSUMO	1.74977	-0.79570	1.73650
INVERSIO	-0.79570	0.98201	-1.04038
TRABAJO	1.73650	-1.04038	3.52385

System Weighted MSE	5.9342
Degrees of freedom	51
System Weighted R-Square	0.9550

Model	CONSUMO
Dependent Variable	c

Estimadores de parámetros

Variable	DF	Estimadores de parámetros	Error estándar	Valor t	Pr > |t|
Intercept	1	16.44079	1.449925	11.34	<.0001
p	1	0.124890	0.120179	1.04	0.3133
plag	1	0.163144	0.111631	1.46	0.1621
wsum	1	0.790081	0.042166	18.74	<.0001

Model	INVERSIO
Dependent Variable	i

Estimadores de parámetros

Variable	DF	Estimadores de parámetros	Error estándar	Valor t	Pr > |t|
Intercept	1	28.17785	7.550853	3.73	0.0017
p	1	-0.01308	0.179938	-0.07	0.9429
plag	1	0.755724	0.169976	4.45	0.0004
klag	1	-0.19485	0.036156	-5.39	<.0001

Model	TRABAJO
Dependent Variable	w

Three-Stage Least Squares Estimation

Estimadores de parámetros

Variable	DF	Estimadores de parámetros	Error estándar	Valor t	Pr > |t|
Intercept	1	1.797218	1.240203	1.45	0.1655
x	1	0.400492	0.035359	11.33	<.0001
xlag	1	0.181291	0.037965	4.78	0.0002
yr	1	0.149674	0.031048	4.82	0.0002

Endogenous Variables

	c	p	w	i	x	wsum	k	y
CONSUMO	1	-0.12489	0	0	0	-0.79008	0	0
INVERSIO	0	0.013079	0	1	0	0	0	0
TRABAJO	0	0	1	0	-0.40049	0	0	0
PRODUCTO	-1	0	0	-1	1	0	0	0
INGRESO	-1	0	0	-1	0	0	0	1
BENEFICI	0	1	1	0	0	0	0	-1
STOCK	0	0	0	-1	0	0	1	0
SALARIO	0	0	-1	0	0	1	0	0

Exogenous Variables

	Intercept	plag	klag	xlag	yr	g	t	wp
CONSUMO	16.44079	0.163144	0	0	0	0	0	0

INVERSIO	28.17785	0.755724	-0.19485	0	0	0	0	0
TRABAJO	1.797218	0	0	0.181291	0.149674	0	0	0
PRODUCTO	0	0	0	0	0	1	0	0
INGRESO	0	0	0	0	0	1	-1	0
BENEFICI	0	0	0	0	0	0	0	0
STOCK	0	0	1	0	0	0	0	0
SALARIO	0	0	0	0	0	0	0	1

Inverse Endogenous Variables

	CONSUMO	INVERSIO	TRABAJO	PRODUCTO	INGRESO	BENEFICI	STOCK	SALARIO
c	1.634654	0.634654	1.095657	0.438802	0.195852	0.195852	6.6E-17	1.291509
p	0.972364	0.972364	-0.34048	-0.13636	1.108721	1.108721	3.96E-17	0.768246
w	0.649572	0.649572	1.440585	0.576943	0.072629	0.072629	2.64E-17	0.513215
i	-0.01272	0.987282	0.004453	0.001783	-0.0145	-0.0145	-431E-22	-0.01005
x	1.621936	1.621936	1.10011	1.440585	0.181351	0.181351	6.6E-17	1.281461
wsum	0.649572	0.649572	1.440585	0.576943	0.072629	0.072629	7.73E-17	1.513215
k	-0.01272	0.987282	0.004453	0.001783	-0.0145	-0.0145	1	-0.01005
y	1.621936	1.621936	1.10011	0.440585	1.181351	0.181351	6.6E-17	1.281461

Reduced Form

	Intercept	plag	klag	xlag	yr	g	t	wp
c	46.7273	0.746307	-0.12366	0.198633	0.163991	0.634654	-0.19585	1.291509
p	42.77363	0.893474	-0.18946	-0.06173	-0.05096	0.972364	-1.10872	0.768246
w	31.57207	0.596871	-0.12657	0.261165	0.215618	0.649572	-0.07263	0.513215
i	27.6184	0.744038	-0.19237	0.000807	0.000667	-0.01272	0.014501	-0.01005
x	74.3457	1.490345	-0.31603	0.19944	0.164658	1.621936	-0.18135	1.281461
wsum	31.57207	0.596871	-0.12657	0.261165	0.215618	0.649572	-0.07263	1.513215
k	27.6184	0.744038	0.80763	0.000807	0.000667	-0.01272	0.014501	-0.01005
y	74.3457	1.490345	-0.31603	0.19944	0.164658	1.621936	-1.18135	1.28146

Se han obtenido las estimaciones de los parámetros del sistema por mínimos cuadrados bietápicos y trietápicos. Finalmente se ofrecen las estimaciones de los parámetros de la forma reducida.

Ejercicio 1-3. Estimar el sistema del ejercicio anterior por el método generalizado de los momentos utilizando el proc MODEL

La sintaxis SAS será la siguiente:

```
data klein;
      input year c p w i x wp g t k wsum;
      date=mdy(1,1,year);
      format date monyy.;
      y   =c+i+g-t;
      yr  =year-1931;
      klag=lag(k);
      plag=lag(p);
      xlag=lag(x);

  cards;
   1920    .   12.7    .    .   44.9    .     .     .   182.8    .
   1921  41.9  12.4  25.5 -0.2  45.6   2.7   3.9   7.7  182.6  28.2
   1922  45.0  16.9  29.3  1.9  50.1   2.9   3.2   3.9  184.5  32.2
   1923  49.2  18.4  34.1  5.2  57.2   2.9   2.8   4.7  189.7  37.0
```

```
1924  50.6  19.4  33.9  3.0  57.1  3.1  3.5  3.8  192.7  37.0
1925  52.6  20.1  35.4  5.1  61.0  3.2  3.3  5.5  197.8  38.6
1926  55.1  19.6  37.4  5.6  64.0  3.3  3.3  7.0  203.4  40.7
1927  56.2  19.8  37.9  4.2  64.4  3.6  4.0  6.7  207.6  41.5
1928  57.3  21.1  39.2  3.0  64.5  3.7  4.2  4.2  210.6  42.9
1929  57.8  21.7  41.3  5.1  67.0  4.0  4.1  4.0  215.7  45.3
1930  55.0  15.6  37.9  1.0  61.2  4.2  5.2  7.7  216.7  42.1
1931  50.9  11.4  34.5 -3.4  53.4  4.8  5.9  7.5  213.3  39.3
1932  45.6   7.0  29.0 -6.2  44.3  5.3  4.9  8.3  207.1  34.3
1933  46.5  11.2  28.5 -5.1  45.1  5.6  3.7  5.4  202.0  34.1
1934  48.7  12.3  30.6 -3.0  49.7  6.0  4.0  6.8  199.0  36.6
1935  51.3  14.0  33.2 -1.3  54.4  6.1  4.4  7.2  197.7  39.3
1936  57.7  17.6  36.8  2.1  62.7  7.4  2.9  8.3  199.8  44.2
1937  58.7  17.3  41.0  2.0  65.0  6.7  4.3  6.7  201.8  47.7
1938  57.5  15.3  38.2 -1.9  60.9  7.7  5.3  7.4  199.9  45.9
1939  61.6  19.0  41.6  1.3  69.5  7.8  6.6  8.9  201.2  49.4
1940  65.0  21.1  45.0  3.3  75.7  8.0  7.4  9.6  204.5  53.0
1941  69.7  23.5  53.3  4.9  88.4  8.5 13.8 11.6  209.4  61.8
;
proc model data=klein;
     endogenous c p w i x wsum k y;
     instruments klag plag xlag wp g t yr;
     consumo:    c = c0+c1*p+c2*plag+c3*wsum;
     inversion:  i = i0+i1*p+i2*plag+i3*klag;
     trabajo:    w = w0+w1*x+w2*xlag+w3*yr;
     x = c + i + g;
     y = c + i + g - t;
     p = y - w;
     k = klag + i;
     wsum = w + wp;
     fit c i w / gmm;
  run;
```

La salida para el ajuste del sistema es la siguiente:

```
                    The MODEL Procedure

                      Model Summary

                Model Variables          8
                Endogenous               8
                Parameters              12
                Equations                8
                Number of Statements     8

        Model Variables   c p w i x wsum k y
             Parameters   c0 c1 c2 c3 i0 i1 i2 i3 w0 w1 w2 w3
              Equations   c i w x y p k wsum

                The 3 Equations to Estimate

             c =  F(c0(1), c1(p), c2(plag), c3(wsum))
             i =  F(i0(1), i1(p), i2(plag), i3(klag))
             w =  F(w0(1), w1(x), w2(xlag), w3(yr))
     Instruments  1 klag plag xlag wp g t yr

NOTA: At GMM Iteration 1 CONVERGE=0.001 Criteria Met.
```

The MODEL Procedure
GMM Estimation Summary

Data Set Options

DATA= KLEIN

Minimization Summary

Parameters Estimated	12
Kernel Used	PARZEN
l(n)	1.838416
Method	Gauss
Iterations	1

Final Convergence Criteria

R	1.5E-11
PPC	3.89E-11
RPC(c1)	2.761268
Object	0.371575
Trace(S)	3.500539
Objective Value	0.374581

Observations Processed

Read	22
Solved	22
Used	21
Missing	1

The MODEL Procedure

No lineal GMM Resumen de errores residuales

Ecuación	Modelo DF	Error DF	SSE	MSE	Raiz MSE	R-cuadrado	R-Sq adj
c	4	17	20.2736	1.1926	1.0920	0.9785	0.9747
i	4	17	28.4973	1.6763	1.2947	0.8871	0.8671
w	4	17	10.7382	0.6317	0.7948	0.9865	0.9841

No lineal GMM Parameter Estimadores

Parameter	Estimador	Err std aprox	Valor t	Aprox Pr > |t|
c0	15.72254	0.9411	16.71	<.0001
c1	0.065081	0.0976	0.67	0.5139
c2	0.173069	0.0901	1.92	0.0716
c3	0.825349	0.0336	24.57	<.0001
i0	23.91732	4.9165	4.86	0.0001
i1	0.173811	0.1213	1.43	0.1699
i2	0.573665	0.1294	4.43	0.0004
i3	-0.17458	0.0250	-6.98	<.0001
w0	2.38557	0.5297	4.50	0.0003
w1	0.44809	0.0276	16.26	<.0001
w2	0.124059	0.0316	3.93	0.0011
w3	0.125663	0.0207	6.08	<.0001

Número de observaciones		Estadísticos para el sistema	
Used	21	Objective	0.3746
Missing	1	Objective*N	7.8662

Se observa que los parámetros estimados tienen una buena significatividad (p-valores muy pequeños salvo los relativos a *c1* y quizá a *i1*).

Capítulo 2

MODELOS MULTIVARIANTES DE SERIES TEMPORALES: VAR, VARX, VARMA Y BVAR. COINTEGRACIÓN

2.1 MODELOS DE VECTORES AUTORREGRESIVOS (VAR)

Este tipo de modelos no pertenecen exactamente a la familia de modelos estocásticos de series temporales desarrollados por Box y Jenkins. No obstante, los modelos VAR (*Vector Autorregresivo Model*), pueden considerarse como una generalización al campo multivariante de los modelos autorregresivos univariantes AR de Box y Jenkins, y en sus versiones más desarrolladas (modelos VARMA) tienen un planteamiento muy similar a los modelos multivariantes de funciones de transferencia.

C. Sims en los años ochenta publica un artículo en Econométrica "Macroeconometría y realidad" que puede considerarse el origen de los modelos VAR. Sims se plantea la importancia de las relaciones dinámicas en los fenómenos económicos y la escasa información que la teoría económica, en la que habitualmente se basan los modelos estructurales, aporta sobre estas relaciones dinámicas. Sims desarrolló un marco alternativo de elaboración y análisis con modelos econométricos multivariantes dinámicos que trataba de solventar los problemas que, a su juicio, presentaban las aproximaciones estructurales clásicas.

El planteamiento original de un modelo VAR parte de la especificación general de un modelo multiecuacional sobre la forma reducida:

$$Y_t = X_t \Pi + V_t$$

A partir del cual se construye un nuevo vector Z_t que agrupa todas las variables, tanto endógenas como exógenas:

$$Z_t(Y_t, X_t)$$

Tomando este nuevo vector Z_t como una variable aleatoria multivariante, podemos utilizar el teorema de la descomposición de Wold (1938) según el cual toda variable aleatoria puede descomponerse en un componente determinista y un componente aleatorio en el que tenemos:

$$Z_t = D_t + c(L)\varepsilon_t \quad Z_t = c(L)\varepsilon_t$$

donde la matriz multivariante de Z_t queda especificada como una matriz de retardos aplicada sobre una matriz de componentes aleatorios multivariante.

Descomponiendo ahora la matriz de retardos en dos componentes *a* y *b*, recogiendo respectivamente los retardos aplicados a las variables y los aplicados a las componentes aleatorias, podemos reescribir la anterior identidad como:

$$Z_t = a^{-1}(L)^* b(L)^* \varepsilon_t$$

y premultiplicando por la matriz $a(L)$ tenemos:

$$a(L)Z_t = b(L)^* \varepsilon_t$$

Si inicialmente suponemos la matriz de retardos b(L) como constante (en los planteamientos más desarrollados modelos VARMA se considerará variable) $a(L)Z_t = B\varepsilon_t$ y separando los componentes contemporáneos de *a*, obtendríamos una representación autorregresiva pura del modelo multiecuacional:

$$Z_t = a_0^{-1}\left(a_1 Z_{t-1} + a_2 Z_{t-2} + a_3 Z_{t-3} + \cdots + a_r Z_{t-r} + B\varepsilon_t\right)$$

Esta forma autorregresiva puede estimarse sin problemas por MCO, ya que todas las variables que aparecen a la derecha de la identidad son predeterminadas y, aun siendo aleatorias, presentan independencia contemporánea con las perturbaciones aleatorias.

Por tanto, podríamos afirmar que el planteamiento de vectores autorregresivos consistiría en la estimación por MCO de la transformación de Wold aplicada a la forma reducida de un modelo multiecuacional.

No obstante, para la especificación concreta de un modelo VAR, bastará con definir a priori el número total de variables que componen el sistema m, y el número máximo de retardos a incluir r, incluyendo, si es necesario, una matriz adicional con términos deterministas D_t.

Así, para cada variable Y_i se plantearía una ecuación del tipo:

$$Y_{i,t} = D_{i,t} + \sum_{i=1}^{m}\sum_{j=1}^{r} \beta_{ij} Y_{i,t-j} + u_{i,t}$$

que, en su forma escalar, quedaría como:

$$\begin{aligned} Y_{i,t} &= D_{i,t} + \beta_{11,i}Y_{1,t-1} + \beta_{12,i}Y_{1,t-2} + \cdots + \beta_{1r,i}Y_{1,t-r} + \cdots + \\ &+ \beta_{21,i}Y_{2,t-1} + \beta_{22,i}Y_{2,t-2} + \cdots + \beta_{2r,i}Y_{2,t-r} + \cdots + \\ &+ \beta_{m1,i}Y_{m,t-1} + \beta_{m2,i}Y_{m,t-2} + \cdots + \beta_{mr,i}Y_{m,t-r} + u_{i,t} \end{aligned}$$

Es decir, cada variable vendría explicada por las componentes deterministas, r retardos de la propia variable y otros tantos retardos de cada una de las variables incluidas en el sistema.

Las perturbaciones aleatorias de cada ecuación $u_{i,t}$ deben comportarse como ruido blanco, presentando por tanto matrices de varianzas-covarianzas escalares:

$$Cov(u_t) = E(u_t u'_t) = \sigma^2 I$$

Además, las perturbaciones aleatorias de distintas ecuaciones deben presentar matrices de varianzas y covarianzas, Σ, constantes para cada punto muestral t. Esto es:

$$Cov(u_i, u_j) = E(u_i u'_j) = \Sigma \quad \forall t$$

$$\Sigma = \begin{bmatrix} \sigma_{11}^2 & \sigma_{12}^2 & \cdots & \sigma_{1m}^2 \\ \sigma_{21}^2 & \sigma_{22}^2 & \cdots & \sigma_{2m}^2 \\ \vdots & \vdots & \vdots & \vdots \\ \sigma_{m1}^2 & \sigma_{m2}^2 & \cdots & \sigma_{mm}^2 \end{bmatrix}$$

2.2 IDENTIFICACIÓN EN MODELOS VAR

En la práctica, la identificación es un requisito necesario únicamente para la realización de simulaciones con el modelo, ya que ni la estimación, ni la propia predicción, precisan de la identificación o discriminación entre los efectos debidos a unas variables u otras. Un modelo VAR sólo para predicción no necesita de la identificación.

Habitualmente, en los modelos VAR la identificación es una etapa diferenciada y posterior a la estimación del modelo, procediéndose a realizarla únicamente en el momento de realizar la simulación. Además, la identificación no se realiza sobre los parámetros del modelo, sino sobre la matriz de varianzas y covarianzas de las perturbaciones ya que son precisamente esas perturbaciones las que se utilizarán como base en el análisis de simulación. Las simulaciones básicas a realizar con los modelos VAR, denominadas análisis de impulso-respuesta, suelen consistir en introducir una alteración en la perturbación aleatoria de una ecuación (generalmente igual al valor de su desviación típica) y comprobar el resultado que esta alteración tiene sobre el conjunto del sistema. Teniendo en cuenta que existen correlaciones entre las perturbaciones de las distintas ecuaciones, no podremos diferenciar claramente los efectos individuales de cada formación previa, sobre la matriz de varianzas y covarianzas, que facilite la identificación de los efectos cruzados.

Por tanto, el proceso de identificación en un modelo VAR se realiza mediante la ortogonalización de las perturbaciones aleatorias, transformarmando el modelo de forma tal que la matriz de varianzas covarianzas resultante sea diagonal; de la misma forma que transformábamos un modelo con autocorrelación para que presentara una matriz de varianzas y covarianzas escalar. Para realizar este proceso de diagonalización utilizaremos una propiedad de las matrices simétricas, mediante la cual toda matriz simétrica Σ puede ser convertida en una matriz diagonal operando con una nueva matriz triangular Φ de acuerdo con la siguiente expresión: $D = \Phi\Sigma\Phi'$. De acuerdo con esa propiedad, y premultiplicando las variables originales del modelo por la matriz triangular Φ, obtendremos un nuevo modelo cuya matriz de varianzas y covarianzas de la perturbación es diagonal, es decir, que las perturbaciones son independientes de unas ecuaciones a otras. Tenemos:

$$\Phi Y_{i,t} = \Phi D_{i,t} + \Phi \sum_{i=1}^{m} \sum_{j=1}^{r} \beta_{i,j} Y_{i,t-j} + \Phi u_{i,t}$$

$$Cov\left(\Phi u_{i,t}, \Phi u'_{j,t}\right) = \Phi E\left(u_{i,t}, u'_{j,t}\right)\Phi' = \Phi \Sigma \Phi' = D$$

Sims propone la factorización de Cholesky, donde la matriz Φ es una matriz triangular inferior, cuya aplicación a la matriz original de varianzas covarianzas de las perturbaciones aleatorias genera un efecto de cadena causal entre las distintas variables (perturbaciones). Antes de realizar la factorización, deberemos haber ordenado las variables del sistema de mayor a menor exogeneidad relativa, entendiendo como tal el hecho de que se vean influidas por el resto de las variables. La factorización de Cholesky asume que toda la perturbación aleatoria de la primera ecuación corresponde a la primera variable, es decir, que no hay efecto adicional procedente de las siguientes variables en la cadena causal. La perturbación de la segunda ecuación proviene de la primera y de la suya propia, y así sucesivamente a lo largo de dicha cadena causal.

De todas formas, para realizar simulaciones con este tipo de modelos será necesario imponer un determinado nivel de causalidad entre las variables.

2.3 ESTIMACIÓN DE UN MODELO VAR

Al incluir en la especificación del modelo VAR sólo variables retardadas como explicativas y que, por la hipótesis de ausencia de autocorrelación, no están correlacionadas contemporáneamente con el término de error, podemos estimar el modelo de forma consistente mediante la aplicación directa de MCO, siendo la expresión genérica del estimador:

$$\hat{\beta} = \left(Y'_{t-j} Y_{t-j}\right)^{-1} Y'_{t-j} Y_t$$

donde Y_{t-j} incluye, sin pérdida de generalidad, los términos deterministas.

Si hubiese correlaciones entre las distintas ecuaciones ($\Sigma \neq 0$) sería necesario utilizar métodos de estimación con información completa, del tipo máximo verosímil con información completa, o estimación de ecuaciones aparentemente incorrelacionadas (SUR) que se trataron con detalle en el capítulo anterior.

El mayor problema que puede plantearse a la hora de estimar los modelos VAR sería el de la determinación del número de retardos a incluir en la estimación, que suele realizarse, en general, de forma cuantitativa, analizando los propios resultados de estimación y comparando los resultados obtenidos entre distintos modelos alternativos, ya que no es frecuente encontrar evidencias teóricas al respecto. Sims, propone la utilización de un ratio de verosimilitud entre el modelo restringido (el que tiene el menor número de retardos) y el modelo ampliado (el que incluye todos los retardos deseados), siguiendo una expresión del tipo:

$$(N-k)\left[Log|\Sigma_r| - Log|\Sigma_a|\right] \approx \chi^2_R$$

donde N es el número total de observaciones, k es el número de variables de modelo ampliado, Σ_i son las matrices de productos cruzados de residuos r del modelo restringido y a del ampliado, y R es el número total de restricciones.

Otros criterios utilizados para la selección entre modelos alternativos son el criterio informativo de Akaike (AIC), el criterio de Schwarz (SC) o el propio logaritmo de verosimilitud, cuyos estadísticos son:

$$AIC = -2\frac{\ell}{N} + 2\frac{m}{N}$$

$$SC = -2\frac{\ell}{N} + m\frac{\log(N)}{N}$$

$$\ell = \frac{-Nk}{2}(1 + 2\log 2\pi) - N\frac{N}{2}\log|\Sigma|$$

m = número de variables del modelo.

Se selecciona el modelo que presenta un valor menor de estos estadísticos.

2.4 MODELOS VARMA

Los modelos de Sims podemos denominarlos *modelos VAR irrestrictos* (*Unrestricted* VAR), a partir de los cuales se han ido planteando distintas variantes metodológicas con mejoras. Para evitar la transformación de Cholesky y la necesidad de imponer una ordenación a priori, Blanchard (1989) propone una transformación alternativa basada en una matriz Φ que incorpora restricciones a priori basadas en la propia teoría económica, acercándose así a la aproximación clásica a la identificación, pero aplicada a las perturbaciones aleatorias en lugar de a los coeficientes, dando origen a lo que se conoce como *modelos VAR estructurales* o SVAR. La sobreparametrización y la consiguiente falta de significatividad individual de los parámetros del modelo, que inicialmente no se analiza en los modelos VAR, dieron origen a unas especificaciones más parsimoniosas, y estadísticamente más correctas, en las que cada ecuación podía contener un número diferente de parámetros, desarrollándose lo que se conoce como *modelos VAR parciales* o PVAR (*Partial* VAR). Incorporando la óptica bayesiana tenemos también los modelos BVAR (*Bayesian* VAR), cuyo objetivo básico consiste en incluir en la estimación conocimientos previos acerca del comportamiento de los parámetros de forma que se aminore la sobreparametrización.

La teoría de las raíces unitarias y el concepto de cointegración generalizadas a los modelos VAR, han dado lugar a los *modelos vectoriales de corrección del error* o VEC (*Vector Error Correction*), en los que se admite la existencia de relaciones de cointegración entre las variables incluidas en el modelo.

Últimamente se han ampliado los modelos VAR con la incorporación de medias móviles, dando lugar a los modelos VARMA, que incorporan los componentes de medias móviles sobre la perturbación aleatoria.

A continuación se especifican alternativas con modelos VAR:

UVAR

$$y_t = a_{10} + a_{11}y_{t-1} + a_{12}y_{t-2} + a_{13}x_{t-1} + a_{14}x_{t-2} + u_{1,t}$$
$$x_t = a_{20} + a_{21}y_{t-1} + a_{22}y_{t-2} + a_{23}x_{t-1} + a_{24}x_{t-2} + u_{2,t}$$

PVAR

$$y_t = a_{10} + a_{11}y_{t-1} + a_{12}y_{t-2} + u_{1,t}$$
$$x_t = a_{20} + a_{21}y_{t-1} + a_{22}y_{t-2} + a_{23}x_{t-1} + a_{24}x_{t-2} + u_{2,t}$$

VEC

$$\Delta y_t = a_{10} + a_y\left(y_{t-1} - \beta x_{t-1}\right) + a_{11}\Delta y_{t-1} + a_{12}\Delta y_{t-2} + a_{13}\Delta x_{t-1} + \Delta a_{14}x_{t-2} + u_{1,t}$$
$$\Delta x_t = a_{20} + a_x\left(y_{t-1} - \beta x_{t-1}\right) + a_{21}\Delta y_{t-1} + a_{22}\Delta y_{t-2} + a_{23}\Delta x_{t-1} + \Delta a_{24}x_{t-2} + u_{2,t}$$

VARMA

$$y_t = a_{10} + a_{11}y_{t-1} + a_{12}y_{t-2} + a_{13}x_{t-1} + a_{14}x_{t-2} + \theta_{11}u_{1,t-1} + \theta_{12}u_{1,t-2} +$$
$$+ \theta_{13}u_{2,t-1} + \theta_{14}u_{2,t-2} + u_{1,t}$$

$$x_t = a_{20} + a_{21}y_{t-1} + a_{22}y_{t-2} + a_{23}x_{t-1} + a_{24}x_{t-2} + \theta_{21}u_{1,t-1} + \theta_{22}u_{1,t-2} +$$
$$+ \theta_{23}u_{2,t-1} + \theta_{24}u_{2,t-2} + u_{2,t}$$

Las especificaciones SVAR y BVAR son similares a las genéricas alterándose únicamente el proceso de ortogonalización o el método de estimación.

2.5 COINTEGRACIÓN EN MODELOS VAR. TEST DE JOHANSEN

El procedimiento de Johansen parte de la representación autorregresiva general de una matriz multivariante de *m* variables que, omitiendo por simplicidad los posibles componentes deterministas, vendría dada por:

$$Y_t = \Pi_1 Y_{t-1} + \Pi_2 Y_{t-2} + \cdots + \Pi_p Y_{t-p} + U_t$$

Restando en ambos lados de la identidad la matriz Y_{t-1} , tendríamos:

$$Y_t - Y_{t-1} = \Pi_1 Y_{t-1} - Y_{t-1} + \Pi_2 Y_{t-2} + \cdots + \Pi_p Y_{t-p} + U_t$$

que podemos reescribir como:

$$\Delta Y_t = (\Pi_1 - I)Y_{t-1} + \Pi_2 Y_{t-2} + \cdots + \Pi_p Y_{t-p} + U_t$$

Sumando y restando $(\Pi_1 - I)Y_{t-2}$ a la derecha de la igualdad y agrupamos términos, tendremos:

$$\Delta Y_t = (\Pi_1 - I)Y_{t-1} - (\Pi_1 - I)Y_{t-2} + \Pi_2 Y_{t-2} + (\Pi_1 - I)Y_{t-2} + \cdots + \Pi_{p+} Y_{t-p} + U_t =$$
$$= (\Pi_1 - I)Y_{t-1} - Y_{t-2} + (\Pi_2 + \Pi_1 - I)Y_{t-2} + \cdots + \Pi_2 Y_{t-p} + U_t =$$
$$= (\Pi_1 - I)\Delta Y_{t-1} + (\Pi_2 + \Pi_1 - I)Y_{t-2} + \cdots + \Pi_p Y_{t-p} + U_t$$

Si se repite este proceso *p* veces podremos expresar el modelo autorregresivo en términos de las diferencias de los distintos retardos como:

$$\Delta Y_t = (\Pi_1 - I)\Delta Y_{t-1} + (\Pi_2 + \Pi_1 - I)\Delta Y_{t-2} + \cdots + (\Pi_p + \cdots + \Pi_2 + \Pi_1 - I)Y_{t-p} + U_t$$

Si utilizamos las matrices:

$$\Omega_i = -\left(I - \sum_{j=1}^{i} \Pi_j\right) \quad \Omega = -\left(I - \sum_{j=1}^{p} \Pi_j\right)$$

Se puede escribir el modelo como:

$$\Delta Y_t = \Omega_1 \Delta Y_{t-1} + \Omega_2 \Delta Y_{t-2} + \cdots + \Omega Y_{t-p} + U_t$$

donde la matriz Ω contiene los parámetros que definen las relaciones de equilibrio entre las variables incluidas en el sistema, luego el rango de dicha matriz definirá el número de relaciones de cointegración diferentes que existen entre las m variables.

El rango máximo que puede presentar dicha matriz Ω es $m - 1$, mientras que el mínimo es lógicamente 0, de forma tal que:

- Si $\rho(\Omega) = 0$ todos los vectores son linealmente dependientes, por lo que no existe ninguna relación de cointegración diferenciada entre las variables.
- Si $\rho(\Omega) = r < m$ entonces existen r vectores (fila) linealmente independientes que recogen r relaciones de cointegración diferentes.

Si existen relaciones de cointegración $\rho(\Omega) = r < m$, entonces podemos descomponer la matriz Ω en el producto de dos submatrices λ y β, de orden (m × r) de forma tal que $\Omega = \lambda\beta'$, donde β' contiene los coeficientes de los vectores de cointegración y λ los parámetros de la velocidad de ajuste. Sustituyendo la matriz Ω en la expresión general del modelo tendremos:

$$\Delta Y_t = \Omega_1 \Delta Y_{t-1} + \Omega_2 \Delta Y_{t-2} + \cdots + \lambda\beta' Y_{t-p} + U_t$$

donde el producto $\beta' Y_{t-p}$ es estacionario.

El contraste de cointegración propuesto por Johansen consistiría, entonces, en la estimación del modelo VAR con las variables transformadas en diferencias y la determinación del rango de la matriz de coeficientes, Ω. En la práctica, el procedimiento de aplicación del test de Johansen se realizaría mediante las siguientes etapas:

1. Determinación del orden óptimo del modelo VAR a estimar. Esta primera etapa es muy importante ya que los resultados del contraste son muy sensibles frente a una mala especificación (pocos retardos), mientras que la inclusión de excesivos retardos induce, como veíamos, una rápida pérdida de grados de libertad. Para la determinación del número adecuado de retardos puede utilizarse cualquiera de los contrastes que veíamos en el caso general de los modelos VAR.

2. Estimación del modelo. Para poder realizar la descomposición de la matriz Ω entre los parámetros de la velocidad de ajuste λ y los coeficientes de cointegración β (en el caso de que éstos existieran), es necesario imponer restricciones sobre los coeficientes de dicha matriz Ω, para garantizarnos la igualdad de los coeficientes

en las relaciones de cointegración β que afectan a cada variable. Esta necesidad de imponer restricciones sobre los parámetros de Ω nos impide la utilización directa del estimador de MCO, por lo que Johansen propone un método alternativo basado en procedimientos de máxima verosimilitud con restricciones paramétricas, cuyo desarrollo específico obviaremos, por razones de complejidad, remitiendo al lector interesado al ya citado artículo original de Johansen (1988).

3. Determinación del rango de cointegración, que vendrá determinado, por el propio rango de la matriz $\hat{\Omega}$. Teniendo en cuenta que se trata de una matriz de coeficientes estimados, y por tanto aleatorios, el rango de dicha matriz no puede determinarse de forma absoluta, sino que habrá que definirlo dentro de un entorno probabilístico.

Con esta finalidad se definen dos estadísticos alternativos, basados en los autovalores υ_i de la matriz $\hat{\Omega}$ y formulados como:

$$V_{traza}(r) = -N\sum_{i=r+1}^{m}\ln(1-\hat{\upsilon}_i) \qquad V_{\max}(r,r+1) = -N\ln(1-\hat{\upsilon}_{r+1})$$

donde υ_i son los autovalores, r es el número de relaciones de cointegración y N es el número total de observaciones.

Con el estadístico V_{traza} contrastaremos la hipótesis nula de existencia de un número de vectores de cointegración menor o igual a r frente a una hipótesis alternativa de existencia de más de r relaciones de cointegración.

El estadístico V_{max} contrasta la hipótesis nula de existencia de r vectores de cointegración frente a la hipótesis alternativa de existencia de $r + 1$ vectores de cointegración.

Los valores de estos estadísticos se comparan con unos valores críticos estimados por Johansen y Juselius (1990), para determinadas situaciones alternativas que dependen, fundamentalmente, de dos factores:

- El número de componentes no estacionarios bajo la hipótesis nula, que para ambos estadísticos coincide con $m - r$.

- Los componentes deterministas incluidos en el modelo.

En un modelo VAR, los términos deterministas pueden aparecer tanto en las relaciones de cointegración (matriz β) como en las relaciones dinámicas (representadas por el propio modelo VAR), pudiendo especificarse entonces el modelo general como:

$$\Delta Y_t = \Omega_c + \Omega_t T + \Omega_1 \Delta Y_{t-1} + \Omega_2 \Delta Y_{t-2} + \cdots + \lambda\left(\beta_c^{'} + \beta_t^{'} T + \beta' Y_{t-p}\right) + U_t$$

donde Ω_c, Ω_t serían los parámetros asociados a los componentes deterministas del modelo dinámico para la deriva y la tendencia, respectivamente, y β_c y β_t serían los componentes deterministas de los vectores de cointegración, siendo T la variable determinista que recoge el transcurso del tiempo.

Con estos condicionantes el conjunto teórico de posibles modelos a contrastar vendrían resumidos en el cuadro que presentamos a continuación:

		Modelo dinámico		
		$\Omega_c = \Omega_t = 0$	$\Omega_c \neq 0$ y $\Omega_t = 0$	$\Omega_c \neq$ y $\Omega_t \neq 0$
Vectores de cointegración	$\beta_c = \beta_t = 0$	Modelo 0	Modelo 1	Modelo 6
	$\beta_c \neq 0$ y $\beta_t = 0$	Modelo 2	Modelo 3	Modelo 7
	$\beta_c \neq 0$ y $\beta_t \neq 0$	Modelo 4	Modelo 5	Modelo 8

No todos los modelos son igualmente factibles y, por ejemplo, en el artículo original de Johansen y Juselius, sólo incorporan como posibles alternativas los modelos 0 al 3. Para modelos más complejos en su especificación determinista pueden consultarse los valores tabulados por Osterwald-Lenum (1992).

La mayoría de los programas que ofrecen la contrastación del test de Johansen incorporan dichos valores críticos para distintas especificaciones deterministas, y así, por ejemplo, Eviews facilita la contrastación alternativa de los modelos 0, 2, 3, 5 y 8.

Teniendo en cuenta que los modelos estimados son diferentes en función del número de relaciones de cointegración consideradas, la selección del modelo adecuado, y por tanto del posible rango de cointegración, puede realizarse en dos dimensiones alternativas:

1. Seleccionando un tipo de modelo y analizando los distintos rangos de cointegración, utilizando para ello los estadísticos V_{traza} y V_{max}.

2. Seleccionando un determinado rango de cointegración y comparando las distintas hipótesis de forma anidada, es decir, desde la especificación menos restringida a la más restringida (al igual que se sugería en el esquema de Dolado y Perron para el contraste univariante de raíces unitarias). Para la selección entre modelos alternativos, dado un determinado orden de cointegración, pueden utilizarse los estadísticos AIC y SC presentados para la determinación del orden óptimo de un modelo VAR.

2.6 EVIEWS Y LOS MODELOS VAR. TEST DE JOHANSEN

Mediante Eviews, y sobre todo utilizando sus posibilidades de programación, es posible trabajar con modelos VAR de forma cómoda. A continuación se presenta un programa que genera un modelo VAR y realiza su estimación:

```
' Blanchard-Quah long-run restriction (11/5/99)
' verify estimates using three methods
' last checked 4/1/2004

' include subroutine
include sub_rmaxdiff.prg

'change path to program path
%path = @runpath
cd %path

' create workfile
wfcreate blanquah q 1948:1 1987:4

' fetch data from database (already demeaned)
fetch(d=data_svar) dy u

' estimate VAR (no constant)
var var1.ls 1 8 dy u @


'-------------------------------------------------------------------
' method 1: text form long-run restrictions
'-------------------------------------------------------------------

var1.cleartext(svar)
var1.append(svar) @lr1(@u1)=0

freeze(tab1) var1.svar(rtype=text,conv=1e-4)
show tab1

' store estimated A and B matrices from method 1
matrix mata1 = var1.@svaramat ' A should be identity
matrix matb1 = var1.@svarbmat

'-------------------------------------------------------------------
' method 2: long-run restrictions in short-run form
' *not recommended; only for checking*
'-------------------------------------------------------------------

' get unit (cumulated) long-run response
var1.impulse(imp=u)
matrix clr = var1.@lrrsp

var1.cleartext(svar)
var1.append(svar) @e1 = c(1)*@u1 + c(2)*@u2
var1.append(svar) @e2 = -clr(1,1)*c(1)/clr(1,2)*@u1 + c(4)*@u2
```

```
freeze(tab2) var1.svar(rtype=text,conv=1e-5)
show tab2

' store estimated A and B matrices from method 2
matrix mata2 = var1.@svaramat ' A should be identity
matrix matb2 = var1.@svarbmat

'-------------------------------------------------------------------
' method 3: moment matching (used in Blanchard-Quah (1989) paper)
' *only works for just-identified models*
'-------------------------------------------------------------------

' get residual covariance
sym rcov = var1.@residcov
' and do cholesky factorization
matrix chol = @cholesky(rcov)

' factorize unit long-run response
matrix p = clr * chol

' factorized B matrix
matrix(2,2) q
' impose sign normalization by taking positive root
q(1,1) = @sqrt( 1/(1+p(1,1)*p(1,1)/p(1,2)/p(1,2)) )
q(2,1) = -p(1,1)*q(1,1)/p(1,2)
q(1,2) = -q(2,1)
q(2,2) = q(1,1)

' get implied B matrix
matrix matb3 = chol * q



'-------------------------------------------------------------------
' check whether results match
'-------------------------------------------------------------------

' difference in A matrices
matrix eye2 = @identity(2)    ' truth
scalar adiff1
call sub_rmaxdiff(mata1, eye2, adiff1)
scalar adiff2
call sub_rmaxdiff(mata2, eye2, adiff2)

' difference in B matrices
scalar bdiff13
call sub_rmaxdiff(matb1, matb3, bdiff13)
scalar bdiff23
call sub_rmaxdiff(matb2, matb3, bdiff23)

' display L-infinity norm of matrix difference in table
table(2,3) check
setcolwidth(check,1,10)
setcolwidth(check,2,15)
setcolwidth(check,3,15)

check(1,2) = "A - eye2"
check(1,3) = "B - method3"
```

```
check(2,1) = "method1:"
check(3,1) = "method2:"

check(2,2) = adiff1
check(3,2) = adiff2
check(2,3) = bdiff13
check(3,3) = bdiff23

show check
```

La estimación del modelo VAR estructural se presenta en la Figura 2-1

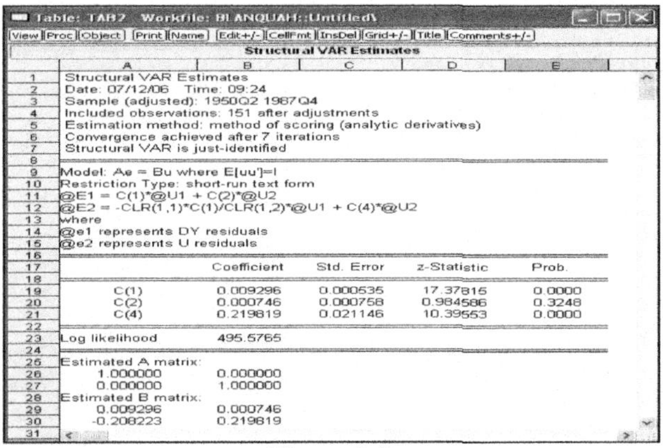

Table: TAB7 Workfile: BLANQUAH::Untitled\

View Proc Object Print Name Edit+/- CellFmt InsDel Grid+/- Title Comments+/-

Structural VAR Estimates

Structural VAR Estimates
Date: 07/12/06 Time: 09:24
Sample (adjusted): 1950Q2 1987Q4
Included observations: 151 after adjustments
Estimation method: method of scoring (analytic derivatives)
Convergence achieved after 7 iterations
Structural VAR is just-identified

Model: Ae = Bu where E[uu']=I
Restriction Type: short-run text form
@E1 = C(1)*@U1 + C(2)*@U2
@E2 = -CLR(1,1)*C(1)/CLR(1,2)*@U1 + C(4)*@U2
where
@e1 represents DY residuals
@e2 represents U residuals

	Coefficient	Std. Error	z-Statistic	Prob.
C(1)	0.009296	0.000535	17.37815	0.0000
C(2)	0.000746	0.000758	0.984586	0.3248
C(4)	0.219819	0.021146	10.39553	0.0000

Log likelihood 495.5765

Estimated A matrix:

1.000000	0.000000
0.000000	1.000000

Estimated B matrix:

0.009296	0.000746
-0.208223	0.219819

Figura 2-1

La Figura 2-2 representa las innovaciones

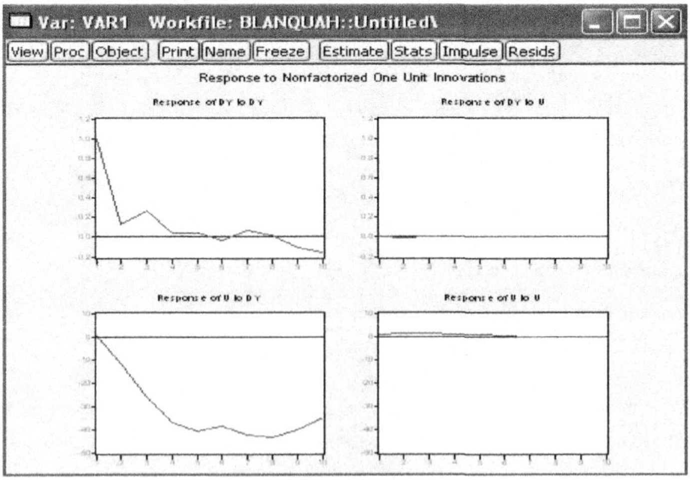

Figura 2-2

También con Eviews es posible realizar el contraste de cointegración de Johansen. A continuación se presenta un programa ejemplo.

```
'Johansen cointegration restrictions
'replicate example 7.3.1 (pp.112-116)
'Johansen (1995) Likelihood-based Inference in Cointegrated
'Vector Auto-regressive Models, Oxford University Press
'
' last checked 3/25/2004

'change path to program path
%path = @runpath
cd %path

'create workfile
wfcreate denmark q 1974:1 1987:3

'fetch data from database
'data downloaded from johansen's website at
'http://www.math.ku.dk/~sjo/data/data.html
fetch(d=var_dat) lrm lry ibo ide

'create centered seasonal dummies
for !i=1 to 3
       series d{!i} = @seas(!i) - 0.25
next
'estimate VEC with intercept restricted in cointegrating relation
var vec1.ec(b,1) 1 1 lrm lry ibo ide @ d1 d2 d3

'show cointegration test results
'replicates Tables 7.1 (p.113), 7.2 (p.113), 7.3 (p.114)
'note that EViews uses slightly different critical values
'note also that EViews reports *transpose* of Table 7.2
freeze(tab71) vec1.coint(b,1)
show tab71

'show unrestricted cointegrating relation
'replicate Fig 7.1 (left graph)
vec1.makecoint gcoint
freeze(fig71) gcoint.line
fig71.draw(dashline,left) 0.0
show fig71

'----------------------------------------------------------------------------
--
'test b1+b2=0
'----------------------------------------------------------------------------
--
vec1.cleartext(coint)
vec1.append(coint) b(1,1) + b(1,2) = 0

freeze(test1) vec1.coint(b,1,restrict,c=1e-5,m=100)
show test1

'----------------------------------------------------------------------------
--
'test b1+b2=0 and b3+b4=0
'note that this test is different from the test reported in Johansen (p.115)
'which is a test of b3+b4=0 conditional on b1+b2=0
```

```
'---------------------------------------------------------------------------
--

vec1.append(coint) b(1,3) + b(1,4) = 0
vec1.append(coint) b(1,1) = 1.0

'save restricted logl in mat2 for later use
freeze(test2) vec1.coint(b,1,restrict,c=1e-5,m=100,save=mat2)
show test2

'get restricted cointegrating vector
vec1.ec(b,1,restrict,c=1e-5,m=100) 1 1 lrm lry ibo ide @ d1 d2 d3
matrix cv1 = vec1.@cointvec
show cv1

'---------------------------------------------------------------------------
--
'test weak exogeneity a3=a4=0 conditional on b1+b2=0 and b3+b4=0
'---------------------------------------------------------------------------
--

vec1.append(coint) a(3,1) = 0
vec1.append(coint) a(4,1) = 0

'joint test on b and a
'save restricted logl of joint test in mat3
freeze(test3) vec1.coint(b,1,restrict,c=1e-5,m=100,save=mat3)
show test3
'compute manually LR statistic for testing a3=a4=0
'conditional on b1+b2=b3+b4=0
'replicates first paragraph of p.116
table out
out(1,1) = "Weak exogeneity test (a3=a4=0) conditional on b1+b2=b3+b4=0"
out(2,1) = "LR statistic = "
!lr = 2.0*(mat2(1,4) - mat3(1,4))
out(2,2) = !lr
out(2,3) = "p-value = "
out(2,4) = 1.0 - @cchisq(!lr,2)
show out
```

Las Figuras 2-3 a 2-5 muestran resultados del test de cointegración de Johansen en el contexto de los modelos VAR.

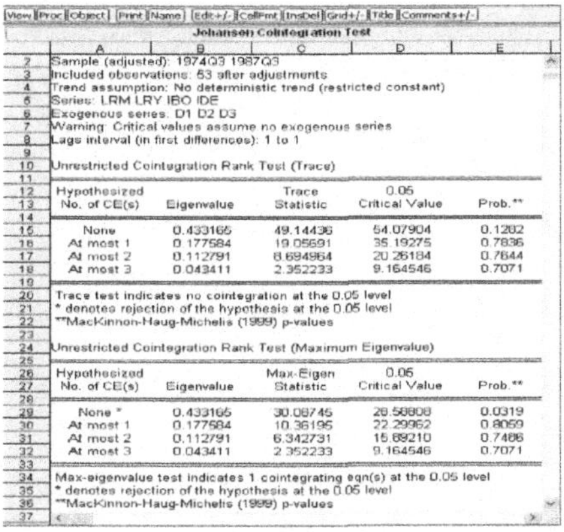

Johansen Cointegration Test

Sample (adjusted): 1974Q3 1987Q3
Included observations: 53 after adjustments
Trend assumption: No deterministic trend (restricted constant)
Series: LRM LRY IBO IDE
Exogenous series: D1 D2 D3
Warning: Critical values assume no exogenous series
Lags interval (in first differences): 1 to 1

Unrestricted Cointegration Rank Test (Trace)

Hypothesized No. of CE(s)	Eigenvalue	Trace Statistic	0.05 Critical Value	Prob.**
None	0.433165	49.14436	54.07904	0.1282
At most 1	0.177584	19.05691	35.19275	0.7836
At most 2	0.112791	8.694964	20.26184	0.7644
At most 3	0.043411	2.352233	9.164546	0.7071

Trace test indicates no cointegration at the 0.05 level
* denotes rejection of the hypothesis at the 0.05 level
**MacKinnon-Haug-Michelis (1999) p-values

Unrestricted Cointegration Rank Test (Maximum Eigenvalue)

Hypothesized No. of CE(s)	Eigenvalue	Max-Eigen Statistic	0.05 Critical Value	Prob.**
None *	0.433165	30.08745	28.58808	0.0319
At most 1	0.177584	10.36195	22.29962	0.8059
At most 2	0.112791	6.342731	15.89210	0.7486
At most 3	0.043411	2.352233	9.164546	0.7071

Max-eigenvalue test indicates 1 cointegrating eqn(s) at the 0.05 level
* denotes rejection of the hypothesis at the 0.05 level
**MacKinnon-Haug-Michelis (1999) p-values

Figura 2-3

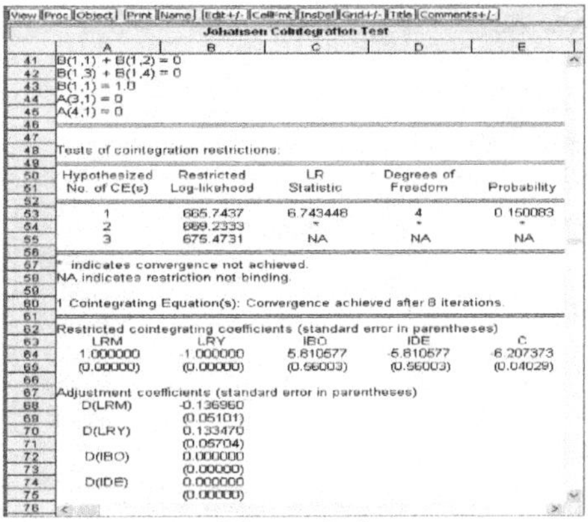

Johansen Cointegration Test

B(1,1) + B(1,2) = 0
B(1,3) + B(1,4) = 0
B(1,1) = 1.0
A(3,1) = 0
A(4,1) = 0

Tests of cointegration restrictions:

Hypothesized No. of CE(s)	Restricted Log-likehood	LR Statistic	Degrees of Freedom	Probability
1	665.7437	6.743448	4	0.150083
2	669.2333	*	*	*
3	675.4731	NA	NA	NA

* indicates convergence not achieved.
NA indicates restriction not binding.

1 Cointegrating Equation(s): Convergence achieved after 8 iterations.

Restricted cointegrating coefficients (standard error in parentheses)

LRM	LRY	IBO	IDE	C
1.000000	-1.000000	5.810577	-5.810577	-6.207373
(0.00000)	(0.00000)	(0.56003)	(0.56003)	(0.04029)

Adjustment coefficients (standard error in parentheses)

D(LRM)	-0.136960
	(0.05101)
D(LRY)	0.133470
	(0.05704)
D(IBO)	0.000000
	(0.00000)
D(IDE)	0.000000
	(0.00000)

Figura 2-4

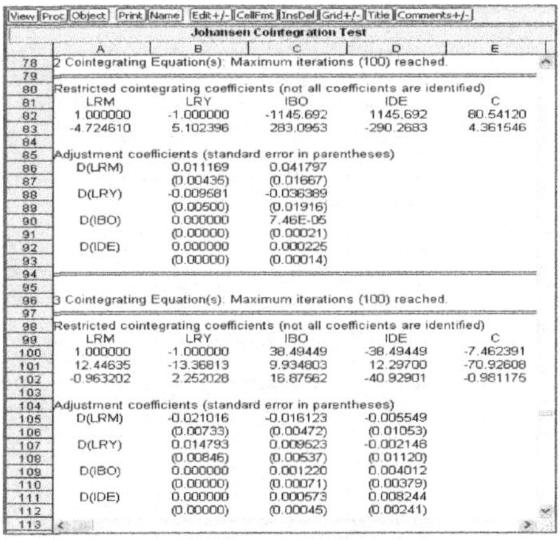

Johansen Cointegration Test

2 Cointegrating Equation(s): Maximum iterations (100) reached.

Restricted cointegrating coefficients (not all coefficients are identified)

LRM	LRY	IBO	IDE	C
1.000000	-1.000000	-1145.692	1145.692	80.54120
-4.724610	5.102396	283.0953	-290.2683	4.361546

Adjustment coefficients (standard error in parentheses)

D(LRM)	0.011169	0.041797
	(0.00435)	(0.01667)
D(LRY)	-0.009581	-0.036389
	(0.00500)	(0.01916)
D(IBO)	0.000000	7.46E-05
	(0.00000)	(0.00021)
D(IDE)	0.000000	0.000225
	(0.00000)	(0.00014)

3 Cointegrating Equation(s): Maximum iterations (100) reached.

Restricted cointegrating coefficients (not all coefficients are identified)

LRM	LRY	IBO	IDE	C
1.000000	-1.000000	38.49449	-38.49449	-7.462391
12.44635	-13.36813	9.934803	12.29700	-70.92608
-0.963202	2.252028	16.87562	-40.92901	-0.981175

Adjustment coefficients (standard error in parentheses)

D(LRM)	-0.021016	-0.016123	-0.005549
	(0.00733)	(0.00472)	(0.01053)
D(LRY)	0.014793	0.009523	-0.002148
	(0.00846)	(0.00537)	(0.01120)
D(IBO)	0.000000	0.001220	0.004012
	(0.00000)	(0.00071)	(0.00379)
D(IDE)	0.000000	0.000573	0.008244
	(0.00000)	(0.00045)	(0.00241)

Figura 2-5

2.6.1 Estimación de modelos VAR en EVIEWS a través de menús

Se parte de las variables Y=gasto real per cápita de gasolina en litros, X2=precio real de litro, X3=ingreso real per cápita y X4=litros consumidos por kilómetro. Con estos datos recogidos en el fichero *var1.wf1* se trata de estimar un modelo VAR con 4 retardos. Para ello elegimos *Quick→Estimate VAR* (Figura 2-6) y rellenamos la pantalla *VAR Specification* como se indica en la Figura 2-7. Al pulsar *Aceptar* se obtiene el modelo VAR estimado (Figuras 2-8 y 2-9). En la Figura 2-8 cada columna de la tabla corresponde a una ecuación del VAR y el programa ofrece los coeficientes estimados, su error estándar y el estadistico *t* de student. En la Figura 2-10 se observan las medidas de la bondad del ajuste para cada ecuación del VAR.

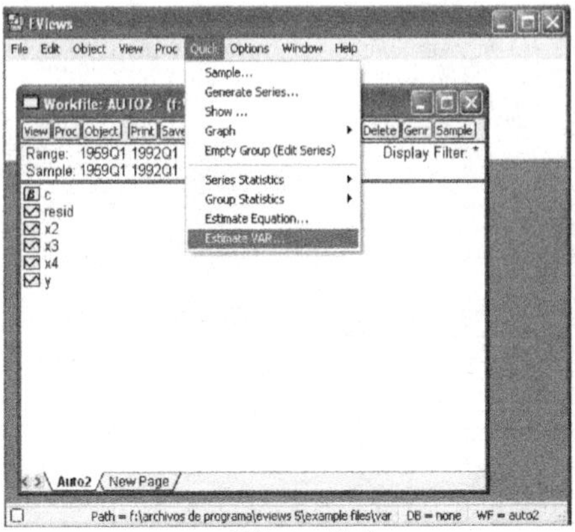

Figura 2-6

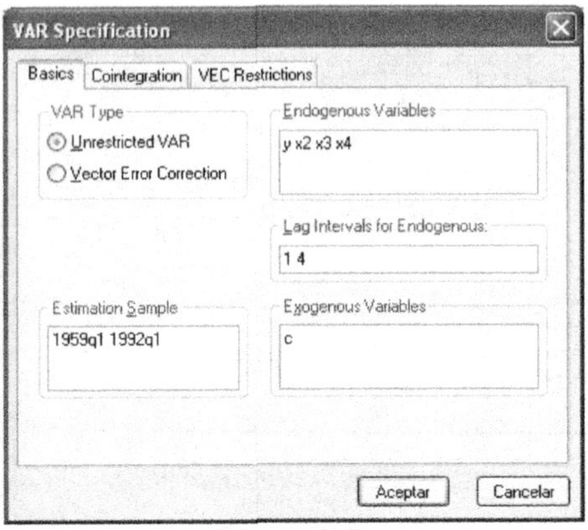

Figura 2-7

	Y	X2	X3	X4
Y(-1)	0.654961	-0.125669	0.047918	0.006222
	(0.11621)	(0.24673)	(0.06040)	(0.01329)
	[5.63598]	[-0.50933]	[0.79341]	[0.46811]
Y(-2)	0.049439	0.019592	0.006075	0.000840
	(0.11283)	(0.23957)	(0.05864)	(0.01291)
	[0.43816]	[0.08178]	[0.10361]	[0.06512]
X2(-1)	-0.105152	1.289671	-0.041476	0.009263
	(0.05485)	(0.11646)	(0.02851)	(0.00627)
	[-1.91709]	[11.0744]	[-1.45499]	[1.47661]
X2(-2)	0.068573	-0.380961	0.047027	-0.006040
	(0.04927)	(0.10462)	(0.02561)	(0.00564)
	[1.39167]	[-3.64147]	[1.83641]	[-1.07184]
X3(-1)	0.097240	0.296081	0.904353	-0.023226
	(0.18470)	(0.39215)	(0.09599)	(0.02112)
	[0.52648]	[0.75503]	[9.42149]	[-1.09949]
X3(-2)	0.180142	-0.165615	0.029184	0.019276
	(0.18745)	(0.39799)	(0.09742)	(0.02144)
	[0.96101]	[-0.41613]	[0.29957]	[0.89909]
X4(-1)	-0.544434	1.840920	0.010391	1.780305
	(0.59419)	(1.26157)	(0.30880)	(0.06796)
	[-0.91626]	[1.45923]	[0.03365]	[26.1967]
X4(-2)	0.398898	-1.947645	0.023055	-0.774933
	(0.61081)	(1.29686)	(0.31744)	(0.06986)
	[0.65306]	[-1.50181]	[0.07263]	[-11.0926]
C	-0.559291	0.438839	0.027747	0.009284
	(0.17515)	(0.37187)	(0.09102)	(0.02003)
	[-3.19327]	[1.18010]	[0.30483]	[0.46344]

Figura 2-8

R-squared	0.977397	0.950162	0.996286	0.999780
Adj. R-squared	0.975851	0.946754	0.996032	0.999765
Sum sq. resids	0.038592	0.173966	0.010423	0.000505
S.E. equation	0.018162	0.038560	0.009439	0.002077
F-statistic	632.4116	278.8245	3922.912	66606.22
Log likelihood	330.9466	236.0799	413.4133	604.1517
Akaike AIC	-5.110264	-3.604443	-6.419258	-9.446852
Schwarz SC	-4.907672	-3.401851	-6.216666	-9.244260
Mean dependent	-7.759056	4.724616	-4.189738	2.713600
S.D. dependent	0.116872	0.167108	0.149835	0.135635

Determinant resid covariance (dof adj.)	9.83E-17
Determinant resid covariance	7.31E-17
Log likelihood	1625.599
Akaike information criterion	-25.23173
Schwarz criterion	-24.42136

Figura 2-9

Según los resultados de la estimación de la Figura 2-8 podemos formar las ecuaciones estimadas del modelo VAR según se indica en la Figura 2-10, que puede obtenerse mediante *View→Representations*.

```
View Proc Object  Print Name Freeze  Estimate Stats Impulse Resids
Estimation Proc:
===============================
LS 1 2 Y X2 X3 X4  @ C

VAR Model:
===============================
Y = C(1,1)*Y(-1) + C(1,2)*Y(-2) + C(1,3)*X2(-1) + C(1,4)*X2(-2) + C(1,5)*X3(-1) + C(1,6)*X3(-2) + C(1,7)*X4(-1) + C(1,8)*X4(-2) + C(1,9)

X2 = C(2,1)*Y(-1) + C(2,2)*Y(-2) + C(2,3)*X2(-1) + C(2,4)*X2(-2) + C(2,5)*X3(-1) + C(2,6)*X3(-2) + C(2,7)*X4(-1) + C(2,8)*X4(-2) + C(2,9)

X3 = C(3,1)*Y(-1) + C(3,2)*Y(-2) + C(3,3)*X2(-1) + C(3,4)*X2(-2) + C(3,5)*X3(-1) + C(3,6)*X3(-2) + C(3,7)*X4(-1) + C(3,8)*X4(-2) + C(3,9)

X4 = C(4,1)*Y(-1) + C(4,2)*Y(-2) + C(4,3)*X2(-1) + C(4,4)*X2(-2) + C(4,5)*X3(-1) + C(4,6)*X3(-2) + C(4,7)*X4(-1) + C(4,8)*X4(-2) + C(4,9)

VAR Model - Substituted Coefficients:
===============================
Y = 0.6549607601*Y(-1) + 0.04943894028*Y(-2) - 0.1051518717*X2(-1) + 0.06857339012*X2(-2) + 0.097240389*X3(-1) + 0.1801416316*X3
(-2) - 0.5444343559*X4(-1) + 0.3988980005*X4(-2) - 0.5592905506

X2 =  - 0.1256685087*Y(-1) + 0.01959238326*Y(-2) + 1.289671414*X2(-1) - 0.3809611189*X2(-2) + 0.2960806238*X3(-1) - 0.1656149759
*X3(-2) + 1.84092002*X4(-1) - 1.94764472*X4(-2) + 0.4388386396

X3 = 0.0479182599*Y(-1) + 0.006075449819*Y(-2) - 0.04147559278*X2(-1) + 0.04702675962*X2(-2) + 0.9043529921*X3(-1) +
0.02918352302*X3(-2) + 0.01039111465*X4(-1) + 0.02305455543*X4(-2) + 0.02774657909

X4 = 0.006221813525*Y(-1) + 0.0008403891631*Y(-2) + 0.009263231943*X2(-1) - 0.006040442335*X2(-2) - 0.02322601947*X3(-1) +
0.01927584756*X3(-2) + 1.780305499*X4(-1) - 0.7749333636*X4(-2) + 0.009283683399
```

Figura 2-10

La opción *View→Residuals→Graph* permite obtener el gráfico de los residuos para las ecuaciones del modelo VAR (Figura 2-11).

La opción *View→Endogenous→Graph* permite obtener el gráfico de las ecuaciones del modelo VAR (Figura 2-12).

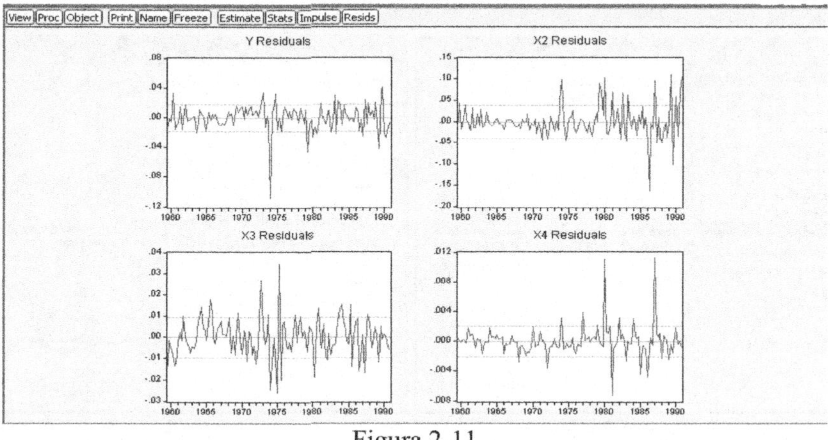

Figura 2-11

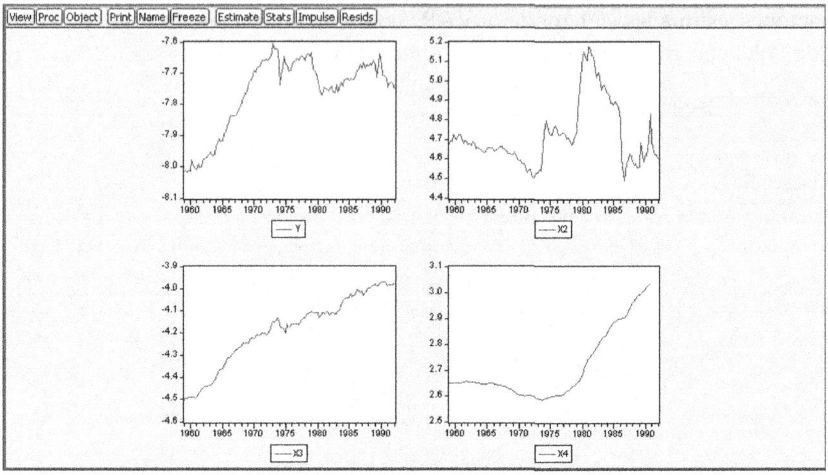

Figura 2-12

2.6.2 Cointegración en modelos VAR en EVIEWS a través de menús

La opción *View→Cointegration* (Figura 2-13) nos lleva a la pantalla *Johansen Cointegraton Test* (Figura 2-14), que permite realizar el contraste de Johansen una vez elegidos los parámetros adecuados en los campos de la Figura 2-14 (4 retardo en el VAR con constante y sin tendencia). Al pulsar *Aceptar* se obtiene la salida del contraste de Johansen (Figuras 2-15 y 2-16).

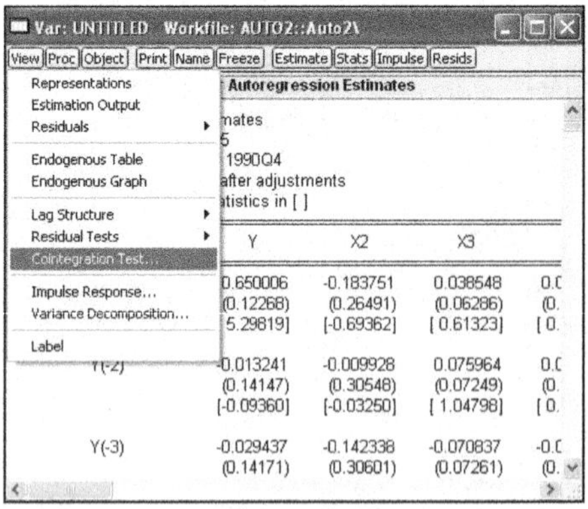

Figura 2-13

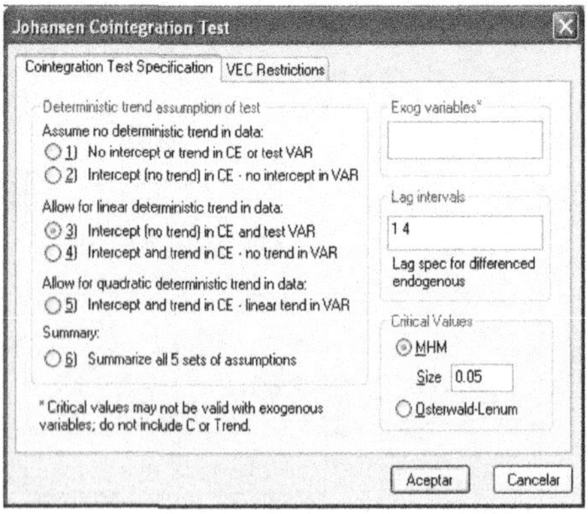

Figura 2-14

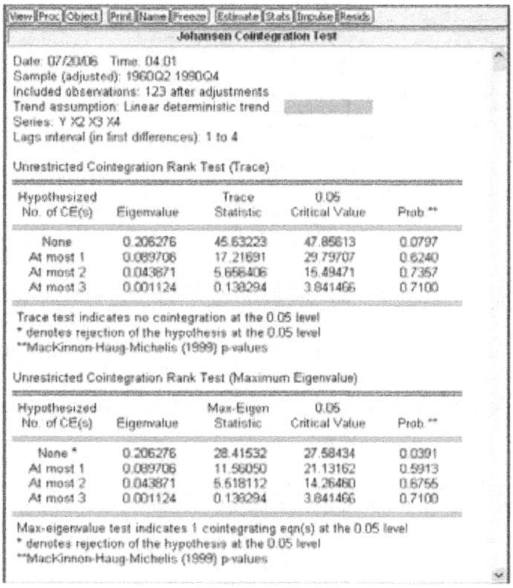

View Proc Object Print Name Freeze Estimate Stats Impulse Resids

Johansen Cointegration Test

Date: 07/20/06 Time: 04:01
Sample (adjusted): 1960Q2 1990Q4
Included observations: 123 after adjustments
Trend assumption: Linear deterministic trend
Series: Y X2 X3 X4
Lags interval (in first differences): 1 to 4

Unrestricted Cointegration Rank Test (Trace)

Hypothesized No. of CE(s)	Eigenvalue	Trace Statistic	0.05 Critical Value	Prob.**
None	0.206276	45.63223	47.85613	0.0797
At most 1	0.089706	17.21691	29.79707	0.6240
At most 2	0.043871	5.656406	15.49471	0.7357
At most 3	0.001124	0.138294	3.841466	0.7100

Trace test indicates no cointegration at the 0.05 level
* denotes rejection of the hypothesis at the 0.05 level
**MacKinnon-Haug-Michelis (1999) p-values

Unrestricted Cointegration Rank Test (Maximum Eigenvalue)

Hypothesized No. of CE(s)	Eigenvalue	Max-Eigen Statistic	0.05 Critical Value	Prob.**
None *	0.206276	28.41532	27.58434	0.0391
At most 1	0.089706	11.56050	21.13162	0.5913
At most 2	0.043871	5.618112	14.26460	0.6756
At most 3	0.001124	0.138294	3.841466	0.7100

Max-eigenvalue test indicates 1 cointegrating eqn(s) at the 0.05 level
* denotes rejection of the hypothesis at the 0.05 level
**MacKinnon-Haug-Michelis (1999) p-values

Figura 2-15

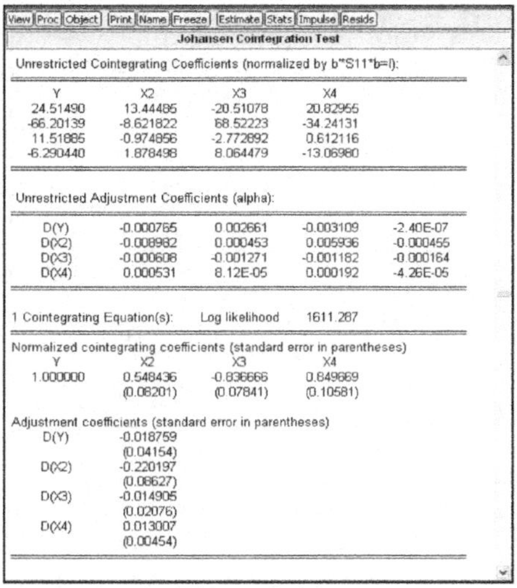

View Proc Object Print Name Freeze Estimate Stats Impulse Resids

Johansen Cointegration Test

Unrestricted Cointegrating Coefficients (normalized by b'*S11*b=I):

Y	X2	X3	X4
24.51490	13.44485	-20.51078	20.82955
-66.20139	-8.621822	68.52223	-34.24131
11.51885	-0.974856	-2.772892	0.612116
-6.290440	1.878498	8.064479	-13.06980

Unrestricted Adjustment Coefficients (alpha):

D(Y)	-0.000765	0.002661	-0.003109	-2.40E-07
D(X2)	-0.008982	0.000453	0.005936	-0.000455
D(X3)	-0.000608	-0.001271	-0.001182	-0.000164
D(X4)	0.000531	8.12E-05	0.000192	-4.26E-05

1 Cointegrating Equation(s): Log likelihood 1611.287

Normalized cointegrating coefficients (standard error in parentheses)

Y	X2	X3	X4
1.000000	0.548436	-0.836666	0.849669
	(0.08201)	(0.07841)	(0.10581)

Adjustment coefficients (standard error in parentheses)

D(Y)	-0.018759
	(0.04154)
D(X2)	-0.220197
	(0.08627)
D(X3)	-0.014905
	(0.02076)
D(X4)	0.013007
	(0.00454)

Figura 2-16

En la Figura 2-15 se observan el test de la traza y el test del máximo autovalor. El p-valor de la primera línea del contraste del máximo autovalor indica claramente el rechazo de la hipótesis nula de que no existe relación de cointegración al 99% de confianza. La segunda línea tiene un p-valor muy alto, lo que indica que existe como máximo un vector de cointegración, por tanto el análisis finaliza con la aceptación de la existencia de una única relación de cointegración entre las variables. Los mismos resultados se obtienen considerando el test de la traza. La Figura 2-16 muestra la ecuación de cointegración de Johansen con los coeficientes normalizados y los errores estándar de los parámetros estimados.

2.6.3 Modelo de vector de corrección del error en modelos VAR con Eviews

Eviews también permite obtener los estimadores de máxima verosimilitud de vectores de cointegración desarrollados por Johansen. Para ello elegimos *Quick* → *Estimate VAR* (Figura 2-6) y rellenamos la pantalla *VAR Specification* como se indica en la Figura 2-17 señalizando *Vector Error Correction*.. Al pulsar *Aceptar* se obtiene la ecuación de cointegración estimada (Figura 2-18). El modelo estimado será:

$$Y = 0{,}642668 - 0{,}548436\ X2 + 0{,}836666\ X3 - 0{,}849669X4.$$

Las Figuras 2-19 y 2-20 muestran los coeficientes estimados del modelo de vector de corrección del error VEC. La Figura 2-21 muestra la calidad del ajuste.

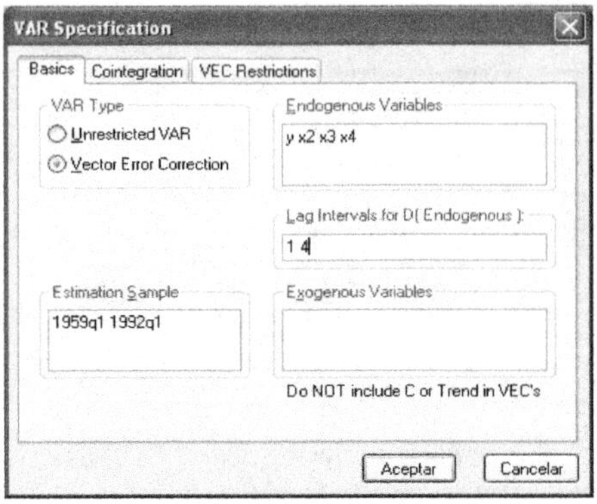

Figura 2-17

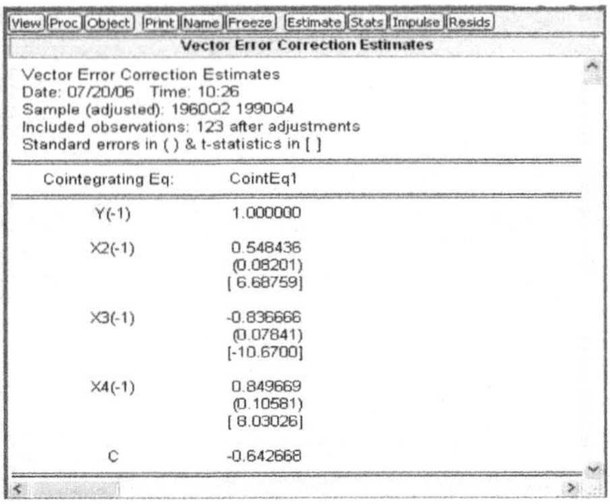

Vector Error Correction Estimates

Vector Error Correction Estimates
Date: 07/20/06 Time: 10:26
Sample (adjusted): 1960Q2 1990Q4
Included observations: 123 after adjustments
Standard errors in ( ) & t-statistics in [ ]

Cointegrating Eq:	CointEq1
Y(-1)	1.000000
X2(-1)	0.548436
	(0.08201)
	[6.68759]
X3(-1)	-0.836666
	(0.07841)
	[-10.6700]
X4(-1)	0.849669
	(0.10581)
	[8.03026]
C	-0.642668

Figura 2-18

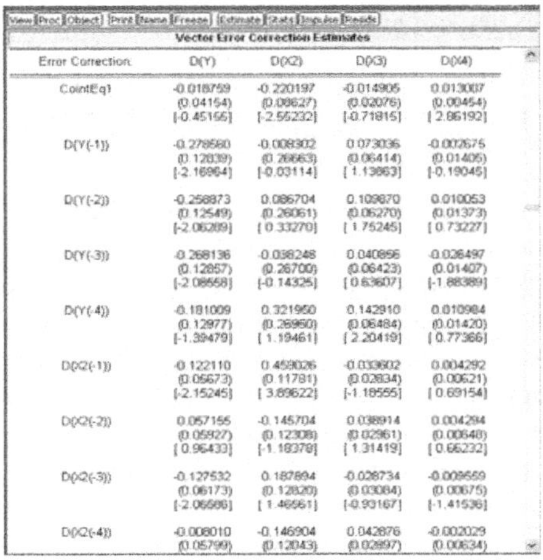

Vector Error Correction Estimates

Error Correction:	D(Y)	D(X2)	D(X3)	D(X4)
CointEq1	-0.018759	-0.220197	-0.014905	0.013007
	(0.04154)	(0.08627)	(0.02076)	(0.00454)
	[-0.45156]	[-2.55232]	[-0.71815]	[2.86192]
D(Y(-1))	-0.278560	-0.008302	0.073036	-0.002675
	(0.12839)	(0.26663)	(0.06414)	(0.01405)
	[-2.16964]	[-0.03114]	[1.13863]	[-0.19045]
D(Y(-2))	-0.258873	0.086704	0.109870	0.010053
	(0.12549)	(0.26061)	(0.06270)	(0.01373)
	[-2.06289]	[0.33270]	[1.75245]	[0.73227]
D(Y(-3))	-0.268136	-0.038248	0.040856	-0.026497
	(0.12857)	(0.26700)	(0.06423)	(0.01407)
	[-2.08558]	[-0.14325]	[0.63607]	[-1.88389]
D(Y(-4))	-0.181009	0.321950	0.142910	0.010984
	(0.12977)	(0.26950)	(0.06484)	(0.01420)
	[-1.39479]	[1.19461]	[2.20419]	[0.77366]
D(X2(-1))	-0.122110	0.459026	-0.033602	0.004292
	(0.05673)	(0.11781)	(0.02834)	(0.00621)
	[-2.15245]	[3.89622]	[-1.18555]	[0.69154]
D(X2(-2))	0.057155	-0.145704	0.038914	0.004294
	(0.05927)	(0.12308)	(0.02961)	(0.00648)
	[0.96433]	[-1.18378]	[1.31419]	[0.66232]
D(X2(-3))	-0.127532	0.187894	-0.028734	-0.009559
	(0.06173)	(0.12820)	(0.03084)	(0.00675)
	[-2.06586]	[1.46561]	[-0.93167]	[-1.41536]
D(X2(-4))	-0.008010	-0.146904	0.042876	-0.002029
	(0.05799)	(0.12043)	(0.02897)	(0.00634)

Figura 2-19

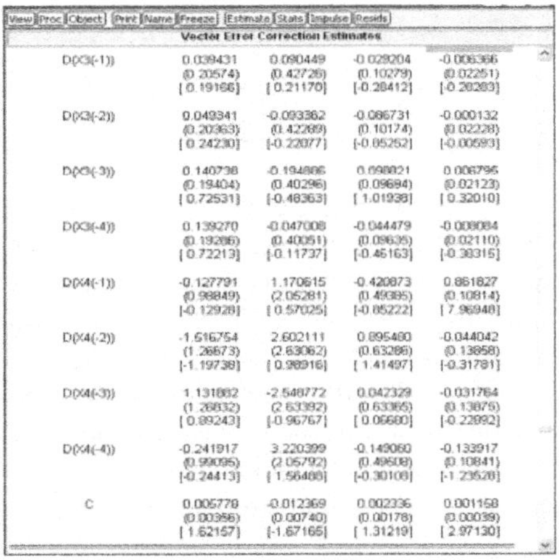

Vector Error Correction Estimates

D(X3(-1))	0.039431	0.090449	-0.029204	-0.006366
	(0.20574)	(0.42726)	(0.10279)	(0.02251)
	[0.19166]	[0.21170]	[-0.28412]	[-0.28283]
D(X3(-2))	0.049341	-0.093362	-0.086731	-0.000132
	(0.20363)	(0.42289)	(0.10174)	(0.02228)
	[0.24230]	[-0.22077]	[-0.85252]	[-0.00593]
D(X3(-3))	0.140738	-0.194886	0.098821	0.006795
	(0.19404)	(0.40296)	(0.09694)	(0.02123)
	[0.72531]	[-0.48363]	[1.01938]	[0.32010]
D(X3(-4))	0.139270	-0.047008	-0.044479	-0.008084
	(0.19286)	(0.40051)	(0.09635)	(0.02110)
	[0.72213]	[-0.11737]	[-0.46163]	[-0.38315]
D(X4(-1))	-0.127791	1.170615	-0.420873	0.861827
	(0.98849)	(2.05281)	(0.49385)	(0.10814)
	[-0.12928]	[0.57025]	[-0.85222]	[7.96948]
D(X4(-2))	-1.516754	2.602111	0.895480	-0.044042
	(1.26673)	(2.63062)	(0.63286)	(0.13858)
	[-1.19738]	[0.98916]	[1.41497]	[-0.31781]
D(X4(-3))	1.131882	-2.548772	0.042329	-0.031764
	(1.26832)	(2.63392)	(0.63365)	(0.13875)
	[0.89243]	[-0.96767]	[0.06680]	[-0.22892]
D(X4(-4))	-0.241917	3.220399	-0.149060	-0.133917
	(0.99095)	(2.05792)	(0.49508)	(0.10841)
	[-0.24413]	[1.56488]	[-0.30108]	[-1.23528]
C	0.005778	-0.012369	0.002336	0.001158
	(0.00356)	(0.00740)	(0.00178)	(0.00039)
	[1.62157]	[-1.67165]	[1.31219]	[2.97130]

Figura 2-20

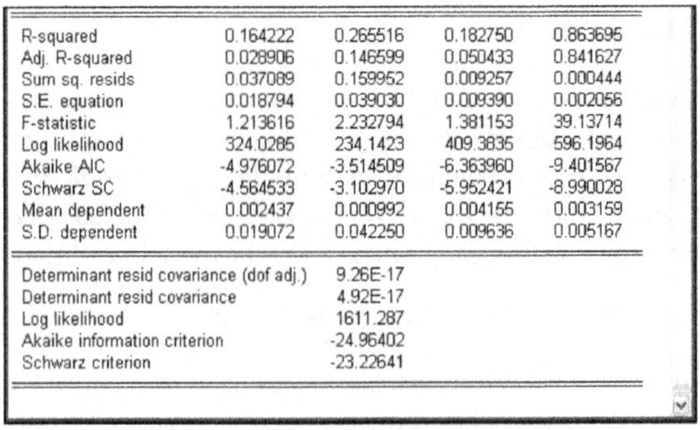

R-squared	0.164222	0.265516	0.182750	0.863695
Adj. R-squared	0.028906	0.146599	0.050433	0.841627
Sum sq. resids	0.037089	0.159952	0.009257	0.000444
S.E. equation	0.018794	0.039030	0.009390	0.002056
F-statistic	1.213616	2.232794	1.381153	39.13714
Log likelihood	324.0285	234.1423	409.3835	596.1964
Akaike AIC	-4.976072	-3.514509	-6.363960	-9.401567
Schwarz SC	-4.564533	-3.102970	-5.952421	-8.990028
Mean dependent	0.002437	0.000992	0.004155	0.003159
S.D. dependent	0.019072	0.042250	0.009636	0.005167

Determinant resid covariance (dof adj.)	9.26E-17
Determinant resid covariance	4.92E-17
Log likelihood	1611.287
Akaike information criterion	-24.96402
Schwarz criterion	-23.22641

Figura 2-21

2.7 SAS Y LOS MODELOS VAR. CONTRASTES DE CAUSALIDAD Y COINTEGRACIÓN. TEST DE JOHANSEN

SAS incorpora el procedimiento VARMAX que permite trabajar con modelos VARMA. Su sintaxis general es la siguiente:

PROC VARMAX opciones ;
BY variables ;
CAUSAL group1 = (variables) **group2** = (variables) ;
COINTEG rank = numero < opciones > ;
ID variable **interval**= *value* < opciones > ;
MODEL variables dependientes < = regresores > <, variables dependientes < = regresores > ... > </ opciones > ;
NLOPTIONS opciones ;
OUTPUT < opciones > ;
RESTRICT restricciones ;
TEST restricciones ;

La sentencia CAUSAL permite realizar el test de causalidad de Granger para dos grupos de variables a incluir en el VAR. La sentencia COINTEG permite realizar el contraste de cointegración de Johansrn en el marco de los modelos VAR y ajusta el modelo de vector de corrección del error VECM correspondiente. La sentencia ID especifica la variable que identifica las observaciones en un conjunto de entrada de datos. La sentencia MODEL se utiliza para especificar variables exógenas y endógenas en modelos VARMAX. La sentencia NLOPTIONS controla la optimización de las estimaciones por máxima verosimiltud. La sentencia OUTPUT genera e imprime predicciones. La sentencia RESTRICT permite introducir restricciones en los parámetros del modelo. La sentencia TEST ejecuta el test de Wald para las hipótesis especificadas. Los cuadros siguientes ilustran las principales opciones de VARMAX.

Model Estimation and Order Selection Options		
center the dependent variables	MODEL	CENTER
specify the degrees of differencing for the specified model variables	MODEL	DIF=
specify the degrees of differencing for all independent variables	MODEL	DIFX=
specify the degrees of differencing for all dependent variables	MODEL	DIFY=
specify the vector error correction model	MODEL	ECM=
specify the garch model	MODEL	GARCH=
specify the estimation method	MODEL	METHOD=
select the tentative order	MODEL	MINIC=
suppress the current values of independent variables	MODEL	NOCURRENTX
suppress the intercept parameters	MODEL	NOINT
specify the number of seasonal periods	MODEL	NSEASON=
specify the order of autoregressive polynomial	MODEL	P=
specify the Bayesian prior model	MODEL	PRIOR=
specify the order of moving-average polynomial	MODEL	Q=
center the seasonal dummies	MODEL	SCENTER
specify the degree of time trend polynomial	MODEL	TREND=
specify the denominator for error covariance matrix estimates	MODEL	VARDEF=
specify the lag order of independent variables	MODEL	XLAG=

Cointegration Related Options		
print the results from the weak exogeneity test of the long-run parameters	COINTEG	EXOGENEITY
specify the restriction on the cointegrated coefficient matrix	COINTEG	H=
specify the restriction on the adjustment coefficient matrix	COINTEG	J=
specify the variable name whose cointegrating vectors are normalized	COINTEG	NORMALIZE=
specify a cointegration rank	COINTEG	RANK=
print the Johansen cointegration rank test	MODEL	COINTTEST= (JOHANSEN=)
print the Stock-Watson common trends test	MODEL	COINTTEST= (SW=)
print the Dickey-Fuller unit root tests	MODEL	DFTEST=
Tests and Restrictions on Parameters		
test the Granger-Causality	CAUSAL	GROUP1= GROUP2=
place and test restrictions on parameter estimates	RESTRICT	
test hypotheses	TEST	

Tests and Restrictions on Parameters		
test the Granger-Causality	CAUSAL	GROUP1=
		GROUP2=
place and test restrictions on parameter estimates	RESTRICT	
test hypotheses	TEST	
Output Control Options		
specify the size of confidence limits for forecasting	OUTPUT	ALPHA=
start forecasting before end of the input data	OUTPUT	BACK=
specify how many periods to forecast	OUTPUT	LEAD=
suppress the printed forecasts	OUTPUT	NOPRINT

A continuación se presentan distintos ejemplos de trabajo con modelos VARMA incluidos contrastes de cointegración de Johansen mediante sintaxis SAS.

Partimos del fichero *simul1.sas7bdat* que contiene datos de dos variables $y1$ e $y2$. Comenzamos representando ambas variables (Figura 2-22) con el procedimiento *plot* mediante la sintaxis siguiente:

```
data simul1;
   set simul1;
   date = intnx( 'year', '01jan1900'd, _n_-1 );
   format date year4.;

proc gplot data=simul1;
   symbol1 v = none i = join l = 1;
   symbol2 v = none i = join l = 2;
   plot y1 * date = 1
        y2 * date = 2 / overlay;
run;
```

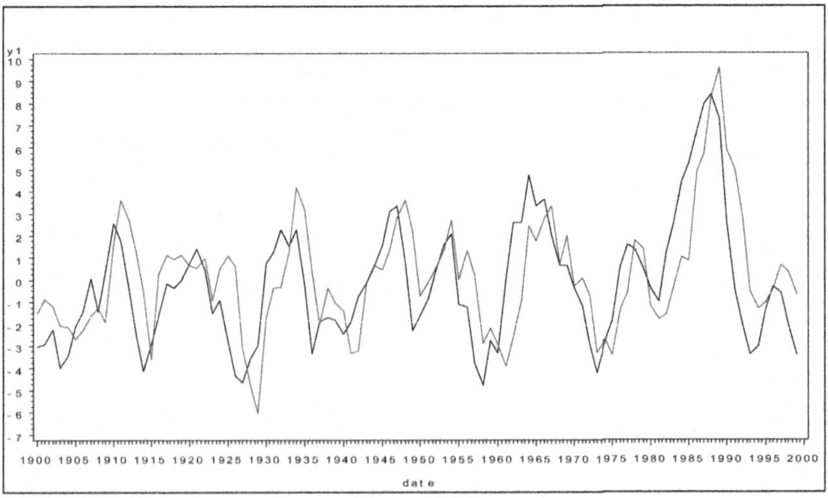

Figura 2-22

A continuación ajustamos nuestras variables a un modelo VAR(1) sin constante con un máximo de 3 retardos y 5 predicciones mediante la sintaxis siguiente:

```
proc varmax data=simul1;
     id date interval=year;
     model y1 y2 / p=1 noint lagmax=3;
     output lead=5;
  run;
```

El resultado del ajuste es el siguiente:

```
                              Procedimiento VARMAX

                    Número de observaciones                100
                    Número de emparejamientos ausentes       0


Variable     Tipo           N        Media        StdDev            Min           Máx

y1           DEP          100     -0.21653       2.78210       -4.75826       8.37032
y2           DEP          100      0.16905       2.58184       -6.04718       9.58487
                 Tipo de modelo                               VAR(1)
                 Método de estimación     Least Squares Estimation

                         Estimadores del coeficiente AR

                 Retardo     Variable             y1             y2

                       1     y1              1.15977       -0.51058
                             y2              0.54634        0.38499

                                Representación
                                esquemática de
                                los estimadores
                                de parámetros

                               Variable/
                               Retardo      AR1

                               y1           +-
                               y2           ++

                               + es > 2*error
                                std,  - is <
                               -2*error std,
                               . está entre,
                                  * es N/A

                    Estimadores del parámetro del modelo
                                         Error
Ecuación     Parámetro        Estimador       estándar    T Ratio    Prob>|T|    Variable

y1           AR1_1_1            1.15977        0.05508      21.06      0.0001    y1(t-1)
             AR1_1_2           -0.51058        0.05898      -8.66      0.0001    y2(t-1)
y2           AR1_2_1            0.54634        0.05779       9.45      0.0001    y1(t-1)
             AR1_2_2            0.38499        0.06188       6.22      0.0001    y2(t-1)

                           Matriz de covarianza
                            para la innovación
```

Variable	y1	y2
y1	1.28875	0.39751
y2	0.39751	1.41839

Criterios de información

AICC(Corregido AIC)	0.554443
HQC(Critero Hannan-Quinn)	0.595201
AIC(Criterio de información Akaike)	0.552777
SBC(Criterio Schwarz Bayesian)	0.65763
FPEC(Criterio de error de predicción final)	1.738092

Matrices residuales de covarianza cruzada

Retardo	Variable	y1	y2
0	y1	1.24909	0.36398
	y2	0.36398	1.34203
1	y1	0.01635	0.03087
	y2	-0.07210	-0.09834
2	y1	0.06591	0.07835
	y2	0.01096	-0.05780
3	y1	-0.00203	0.08804
	y2	-0.02129	0.07277

Matrices residuales de correlación cruzada

Retardo	Variable	y1	y2
0	y1	1.00000	0.28113
	y2	0.28113	1.00000
1	y1	0.01309	0.02385
	y2	-0.05569	-0.07328
2	y1	0.05277	0.06052
	y2	0.00847	-0.04307
3	y1	-0.00163	0.06800
	y2	-0.01644	0.05422

Representación esquemática de correlaciones cruzadas residuales

Variable/ Retardo	0	1	2	3
y1	++	..	..	..
y2	++	..	..	..

+ es > 2*error std, - es < -2*error std, . está entre

Test de Portmanteau para correlaciones cruzadas residuales

Para retardo	Chi-cuadrado	DF	Prob> ChiSq
2	1.84	4	0.7659
3	2.57	8	0.9582

Comprobación del diagnóstico del modelo univariante

Variable	R-cuadrado	StdDev	F-valor	Prob>F
y1	0.8369	1.1352	497.67	<.0001
y2	0.7978	1.1910	382.76	<.0001

Comprobación del diagnóstico del modelo univariante

Variable	DW(1)	ChiSq de normalidad	Prob> ChiSq	Valor ARCH1 F	Prob>F
y1	1.97	3.32	0.1900	0.13	0.7199
y2	2.14	5.46	0.0653	2.10	0.1503

Comprobación del diagnóstico del modelo univariante

Variable	Valor AR1 F	Prob>F	Valor AR1-2 F	Prob>F	Valor AR1-3 F	Prob>F	Valor AR1-4 F	Prob>F
y1	0.02	0.8980	0.14	0.8662	0.09	0.9629	0.82	0.5164
y2	0.52	0.4709	0.41	0.6650	0.32	0.8136	0.32	0.8664

Predicciones

Variable	Observación	Tiempo	Predicción	Error estándar	95Límites de confianza %	
y1	101	2000	-3.5921	1.1352	-5.8171	-1.3671
	102	2001	-3.0945	1.7091	-6.4443	0.2554
	103	2002	-2.1743	2.1447	-6.3779	2.0292
	104	2003	-1.1139	2.4317	-5.8799	3.6520
	105	2004	-0.1434	2.5874	-5.2146	4.9278
y2	101	2000	-2.0987	1.1910	-4.4330	0.2355
	102	2001	-2.7705	1.4767	-5.6647	0.1237
	103	2002	-2.7572	1.7421	-6.1717	0.6572
y2	104	2003	-2.2494	2.0193	-6.2071	1.7082
	105	2004	-1.4746	2.2517	-5.8878	2.9386

La salida comienza presentando estadísticos sobre las variables del modelo y a continuación presenta la estimación del VAR. Según los estimadores de los parámetros del modelo, podemos representar el VAR como sigue:

$$\mathbf{y}_t = \begin{pmatrix} 1.160 & -0.511 \\ (0.055) & (0.059) \\ 0.546 & 0.385 \\ (0.058) & (0.062) \end{pmatrix} \mathbf{y}_{t-1} + \epsilon_t$$

Que también puede ser escrito como:

$$\begin{aligned} y_{1t} &= 1.160\, y_{1,t-1} - 0.511\, y_{2,t-1} + \epsilon_{1t} \\ y_{2t} &= 0.546\, y_{1,t-1} + 0.385\, y_{2,t-1} + \epsilon_{2t} \end{aligned}$$

La salida sigue presentando la matriz de covarianzas de los residuos (innovaciones) y valores de los criterios de información para el modelo. También se presentan distintos criterios de diagnosis para el modelo incluido el análisis de los residuos. Por último se obtienen las predicciones pedidas.

2.7.1 Contraste de Johansen en modelos VAR con SAS

Partimos del fichero *simul2.sas7bdat* que contiene datos de dos variables *y*1 e *y*2. Comenzamos representando ambas variables (Figura 2-23) con el procedimiento *plot* mediante la sintaxis siguiente:

```
data simul2;
     set simul2;
     t+1;

   proc gplot data=simul2;
     symbol1 v = none i = join l = 1;
     symbol2 v = none i = join l = 2;
     plot y1 * t = 1
          y2 * t = 2 / overlay;
   run;
```

A continuación se ajustan los datos a un modelo VAR(2) sin constante y se realizan el contraste de raíces unitarias para las dos series y el contraste de cointegración de Johansen. La sintaxis SAS es la siguiente:

```
   proc varmax data=simul2;
     model y1 y2 / p=2 noint dftest cointtest=(johansen);
   run;
```

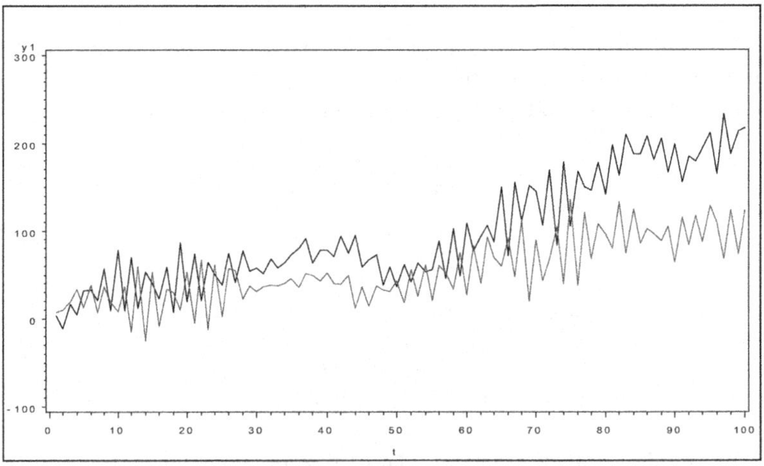

Figura 2-23

La salida del ajuste es la siguiente:

```
                              Procedimiento VARMAX

                    Número de observaciones                100
                    Número de emparejamientos ausentes       0

Variable     Tipo          N         Media        StdDev           Min           Máx
y1           DEP         100      96.42914      62.79930     -11.71118     233.29867
y2           DEP         100      54.56026      37.03117     -24.92182     135.77617

                    Pruebas de la raíz unidad de Dickey-Fuller
```

Variable	Tipo	Rho	Prob<Rho	Tau	Prob<Tau
y1	Zero Mean	1.465786	0.9628	1.65	0.9755
	Single Mean	-0.80452	0.9016	-0.47	0.8916
	Trend	-10.8813	0.3573	-2.20	0.4815
y2	Zero Mean	-0.05134	0.6692	-0.03	0.6707
	Single Mean	-6.02682	0.3358	-1.72	0.4204
	Trend	-50.4873	0.0003	-4.92	0.0006

Prueba del rango de cointegración

H_0: Rango=r	H_1: Rango>r	Autovalor	Traza	5Valor crítico %	Drift InECM	DriftIn Process
0	0	0.5086	70.73	12.21	NOINT	Constant
1	1	0.0111	1.09	4.14		

Estimadores BETA del parámetro Long-Run

Variable	Prueba 1	Prueba 2
y1	-0.04867	0.03109
y2	0.09518	-0.04155

Estimadores ALPHA del coeficiente de ajuste

Variable	Prueba 1	Prueba 2
y1	9.59171	0.25525
y2	-2.19184	1.07837

Tipo de modelo	VAR(2)
Método de estimación	Least Squares Estimation

Estimadores del coeficiente AR

Retardo	Variable	y1	y2
1	y1	-0.20804	0.16002
	y2	0.52041	0.19141
2	y1	0.74917	0.74233
	y2	-0.38021	0.55517

Representación esquemática de los estimadores de parámetros

Variable/ Retardo	AR1	AR2
y1	-+	++
y2	++	-+

+ es > 2*error std, - is < -2*error std, .

está entre, * es N/A

Estimadores del parámetro del modelo

Ecuación	Parámetro	Estimador	Error estándar	T Ratio	Prob>|T|	Variable
y1	AR1_1_1	-0.20804	0.03375	-6.16	0.0001	y1(t-1)
	AR1_1_2	0.16002	0.06766	2.36	0.0201	y2(t-1)
	AR2_1_1	0.74917	0.05161	14.52	0.0001	y1(t-2)
	AR2_1_2	0.74233	0.05102	14.55	0.0001	y2(t-2)
y2	AR1_2_1	0.52041	0.03612	14.41	0.0001	y1(t-1)
	AR1_2_2	0.19141	0.07240	2.64	0.0096	y2(t-1)
	AR2_2_1	-0.38021	0.05522	-6.88	0.0001	y1(t-2)
	AR2_2_2	0.55517	0.05459	10.17	0.0001	y2(t-2)

Matriz de covarianza
para la innovación

Variable	y1	y2
y1	98.71998	4.43251
y2	4.43251	113.02058

Criterios de información

AICC(Corregido AIC)	9.404962
HQC(Critero Hannan-Quinn)	9.483367
AIC(Criterio de información Akaike)	9.398015
SBC(Criterio Schwarz Bayesian)	9.609033
FPEC(Criterio de error de predicción final)	12065.5

Matrices residuales de covarianza cruzada

Retardo	Variable	y1	y2
0	y1	94.46766	4.73306
	y2	4.73306	107.36769
1	y1	1.45270	-12.52601
	y2	1.60623	10.26327
2	y1	-11.42374	-6.05523
	y2	-0.61754	-21.91624
3	y1	-6.95804	5.70561
	y2	-7.75531	-2.75029
4	y1	4.94559	-14.13159
	y2	-7.99978	8.85249
5	y1	8.32719	-3.56564
	y2	15.67260	-8.96966
6	y1	-0.48140	7.48990
	y2	8.54046	-17.60481
7	y1	0.62617	6.70798
	y2	-2.56187	1.48608
8	y1	0.21757	-10.75351
	y2	4.00018	-5.69544
9	y1	-0.08367	-14.72078
	y2	-0.98247	1.39471
10	y1	4.20209	-0.34895
	y2	14.27341	0.51517
11	y1	5.56177	6.09812
	y2	-3.35845	2.08955
12	y1	0.56510	2.59341
	y2	-10.68441	-12.31449

Matrices residuales de correlación cruzada

Retardo	Variable	y1	y2
0	y1	1.00000	0.04700
	y2	0.04700	1.00000
1	y1	0.01538	-0.12438
	y2	0.01595	0.09559
2	y1	-0.12093	-0.06012
	y2	-0.00613	-0.20412
3	y1	-0.07366	0.05665
	y2	-0.07701	-0.02562
4	y1	0.05235	-0.14032
	y2	-0.07943	0.08245
5	y1	0.08815	-0.03540
	y2	0.15562	-0.08354
6	y1	-0.00510	0.07437
	y2	0.08480	-0.16397
7	y1	0.00663	0.06661
	y2	-0.02544	0.01384
8	y1	0.00230	-0.10678
	y2	0.03972	-0.05305
9	y1	-0.00088569	-0.14617
	y2	-0.00976	0.01299
10	y1	0.04448	-0.00346
	y2	0.14173	0.00480
11	y1	0.05887	0.06055
	y2	-0.03335	0.01946
12	y1	0.00598	0.02575
	y2	-0.10609	-0.11469

Representación esquemática de correlaciones cruzadas residuales

Variable/ Retardo	0	1	2	3	4	5	6	7	8	9	10	11	12
y1	+.	..	..	..	..	..	..	..	..	..	..	..	..
y2	.+	..	.-	..	..	..	..	..	..	..	..	..	..

+ es > 2*error std, - es < -2*error std, . está entre

Test de Portmanteau para correlaciones cruzadas residuales

Para retardo	Chi-cuadrado	DF	Prob> ChiSq
3	9.96	4	0.0410
4	13.90	8	0.0843
5	18.06	12	0.1137
6	22.49	16	0.1281
7	23.04	20	0.2867
8	24.70	24	0.4222
9	27.06	28	0.5147
10	29.42	32	0.5979
11	30.35	36	0.7338
12	33.07	40	0.7729

Comprobación del diagnóstico del modelo univariante

Variable	R-cuadrado	StdDev	F-valor	Prob>F
y1	0.9750	9.9358	1219.97	<.0001
y2	0.9199	10.6311	359.87	<.0001

Comprobación del diagnóstico del modelo univariante

Variable	DW(1)	ChiSq de normalidad	Prob> ChiSq	Valor ARCH1 F	Prob>F
y1	1.93	2.97	0.2264	0.16	0.6931
y2	1.77	0.25	0.8808	0.00	0.9694

Comprobación del diagnóstico del modelo univariante

Variable	Valor AR1 F	Prob>F	Valor AR1-2 F	Prob>F	Valor AR1-3 F	Prob>F	Valor AR1-4 F	Prob>F
y1	0.02	0.8797	0.74	0.4815	0.70	0.5563	0.61	0.6554
y2	0.91	0.3420	2.63	0.0773	1.73	0.1655	1.36	0.2544

Se observa que las series no son estacionarias (p-valores de ADF muy grandes) y según la prueba del rango de cointegración están cointegradas con rango 1, es decir, existe una relación de cointegración. Se observa también el ajuste del VAR y la diagnosis.

2.7.2 Modelo de vector de corrección del error en modelos VAR con SAS.

Los modelos de vector de corrección del error pueden trabajarse en SAS de modo sencillo mediante la sentencia *ecm*. A continuación se presenta la sintaxis que obtiene el modelo de vector de corrección del error para el modelo VAR del apartado anterior. Para normalizar los valores del vector de cointegración usamos *normalize,* usamos *rank* para declarar el rango de cointegración y usamos *print = (iarr)* para obtener la representación del modelo de vector de corrección del error VECM(2).

```
proc varmax data=simul2;
      model y1 y2 / p=2 noint print=(iarr) lagmax=3
                    ecm=(rank=1 normalize=y1);
   run;
```

La salida es la siguiente:

Procedimiento VARMAX

Número de observaciones	100
Número de emparejamientos ausentes	0

Variable	Tipo	N	Media	StdDev	Min	Máx
y1	DEP	100	96.42914	62.79930	-11.71118	233.29867
y2	DEP	100	54.56026	37.03117	-24.92182	135.77617

Tipo de modelo	VECM(2)
Método de estimación	Maximum Likelihood Estimation
Rango cointegrado	1

Estimadores BETA del
parámetro Long-Run

para RANGO=1

Variable	Prueba 1
y1	1.00000
y2	-1.95575

Estimadores ALPHA del coeficiente de ajuste para RANGO=1

Variable	Prueba 1
y1	-0.46680
y2	0.10667

Estimadores BETA * BETA' del parámetro ALPHA

Variable	y1	y2
y1	-0.46680	0.91295
y2	0.10667	-0.20862

Estimadores del coeficiente AR

DIF_ Retardo	Variable	y1	y2
1	y1	-0.74332	-0.74621
	y2	0.40493	-0.57157

Representación esquemática de los estimadores de parámetros

Variable/ Retardo	AR1	AR2
y1	**	--
y2	**	+-

+ es > 2*error std, - is < -2*error std, . está entre, * es N/A

Estimadores del parámetro del modelo

Ecuación	Parámetro	Estimador	Error estándar	T Ratio	Prob>|T|	Variable
D_y1	AR1_1_1	-0.46680	0.04786	.	.	y1(t-1)
	AR1_1_2	0.91295	0.09359	.	.	y2(t-1)
	AR2_1_1	-0.74332	0.04526	-16.42	0.0001	D_y1(t-1)
	AR2_1_2	-0.74621	0.04769	-15.65	0.0001	D_y2(t-1)
D_y2	AR1_2_1	0.10667	0.05146	.	.	y1(t-1)
	AR1_2_2	-0.20862	0.10064	.	.	y2(t-1)
	AR2_2_1	0.40493	0.04867	8.32	0.0001	D_y1(t-1)
	AR2_2_2	-0.57157	0.05128	-11.15	0.0001	D_y2(t-1)

Matriz de covarianza para la innovación

Variable	y1	y2

y1	94.75575	4.52684
y2	4.52684	109.57038

Criterios de información

AICC(Corregido AIC)	9.37221
HQC(Critero Hannan-Quinn)	9.432357
AIC(Criterio de información Akaike)	9.368343
SBC(Criterio Schwarz Bayesian)	9.526606
FPEC(Criterio de error de predicción final)	11712.14

Matrices residuales de covarianza cruzada

Retardo	Variable	y1	y2
0	y1	94.66850	5.04865
	y2	5.04865	106.44947
1	y1	1.76527	-11.59694
	y2	1.25695	7.13378
2	y1	-11.01656	-4.97710
	y2	-0.72040	-25.06356
3	y1	-6.74860	6.14494
	y2	-7.66607	-4.25547

Matrices residuales de correlación cruzada

Retardo	Variable	y1	y2
0	y1	1.00000	0.05029
	y2	0.05029	1.00000
1	y1	0.01865	-0.11552
	y2	0.01252	0.06702
2	y1	-0.11637	-0.04958
	y2	-0.00718	-0.23545
3	y1	-0.07129	0.06121
	y2	-0.07637	-0.03998

Representación esquemática de
correlaciones cruzadas residuales

Variable/ Retardo	0	1	2	3
y1	+.	..	..	..
y2	.+	..	.-	..

+ es > 2*error std, - es <
-2*error std, . está entre

Test de Portmanteau para
correlaciones cruzadas residuales

Para retardo	Chi-cuadrado	DF	Prob> ChiSq
3	10.55	4	0.0321

Comprobación del diagnóstico del modelo univariante

Variable	R-cuadrado	StdDev	F-valor	Prob>F
y1	0.9391	9.7343	482.78	<.0001
y2	0.9409	10.4676	498.42	<.0001

Comprobación del diagnóstico del modelo univariante

Variable	DW(1)	ChiSq de normalidad	Prob> ChiSq	Valor ARCH1 F	Prob>F
y1	1.93	2.14	0.3437	0.20	0.6536
y2	1.83	0.46	0.7951	0.03	0.8545

Comprobación del diagnóstico del modelo univariante

Variable	Valor AR1 F	Prob>F	Valor AR1-2 F	Prob>F	Valor AR1-3 F	Prob>F	Valor AR1-4 F	Prob>F
y1	0.03	0.8541	0.69	0.5049	0.64	0.5881	0.57	0.6877
y2	0.44	0.5068	3.11	0.0491	2.01	0.1181	1.53	0.1998

Representacion AR de orden infinito

Retardo	Variable	y1	y2
1	y1	-0.21013	0.16674
	y2	0.51160	0.21980
2	y1	0.74332	0.74621
	y2	-0.40493	0.57157
3	y1	0	0
	y2	0	0

Según estos resultados, el modelo VECM(2) ajustado es el siguiente:

$$\Delta \mathbf{y}_t = \begin{pmatrix} -0.467 & 0.913 \\ (0.048) & (0.094) \\ 0.107 & -0.209 \\ (0.051) & (0.100) \end{pmatrix} \mathbf{y}_{t-1} + \begin{pmatrix} -0.743 & -0.746 \\ (0.045) & (0.048) \\ 0.405 & -0.572 \\ (0.049) & (0.051) \end{pmatrix} \Delta \mathbf{y}_{t-1} + \epsilon_t$$

Además, su equivalente VAR(2) dado por la representación AR de orden infinito es el siguente:

$$\mathbf{y}_t = \begin{pmatrix} -0.210 & 0.167 \\ 0.512 & 0.220 \end{pmatrix} \mathbf{y}_{t-1} + \begin{pmatrix} 0.743 & 0.746 \\ -0.405 & 0.572 \end{pmatrix} \mathbf{y}_{t-2} + \epsilon_t$$

2.7.3 Modelos VAR con variables exógenas (VARX) en SAS

SAS permite tratar modelos VARX(p,s) que presentan una estructura VAR(p) y además variables exógenas en el modelo. Su estructura es la siguiente:

$$\mathbf{y}_t = \delta + \sum_{i=1}^{p} \Phi_i \mathbf{y}_{t-i} + \sum_{i=0}^{s} \Theta_i^* \mathbf{x}_{t-i} + \epsilon_t$$

Como ejemplo se ajusta un modelo VARX(1,0) con tres variables endógenas y1, y2 r y3 y dos variables exógens x1 y x2.

```
data grunfeld;
     input year y1 y2 y3 x1 x2 x3;
```

```
   datalines;
         1935  33.1 1170.6  97.8 12.93  191.5   1.8
         1936  45.0 2015.8 104.4 25.90  516.0    .8
         1937  77.2 2803.3 118.0 35.05  729.0   7.4
         1938  44.6 2039.7 156.2 22.89  560.4  18.1
         1939  48.1 2256.2 172.6 18.84  519.9  23.5
         1940  74.4 2132.2 186.6 28.57  628.5  26.5
         1941 113.0 1834.1 220.9 48.51  537.1  36.2
         1942  91.9 1588.0 287.8 43.34  561.2  60.8
         1943  61.3 1749.4 319.9 37.02  617.2  84.4
         1944  56.8 1687.2 321.3 37.81  626.7  91.2
         1945  93.6 2007.7 319.6 39.27  737.2  92.4
         1946 159.9 2208.3 346.0 53.46  760.5  86.0
         1947 147.2 1656.7 456.4 55.56  581.4 111.1
         1948 146.3 1604.4 543.4 49.56  662.3 130.6
         1949  98.3 1431.8 618.3 32.04  583.8 141.8
         1950  93.5 1610.5 647.4 32.24  635.2 136.7
         1951 135.2 1819.4 671.3 54.38  723.8 129.7
         1952 157.3 2079.7 726.1 71.78  864.1 145.5
         1953 179.5 2371.6 800.3 90.08 1193.5 174.8
         1954 189.6 2759.9 888.9 68.60 1188.9 213.5
         ;
proc varmax data=grunfeld;
   model y1-y3 = x1 x2 / p=1;
run;
```

La salida es la siguiente:

Procedimiento VARMAX

Número de observaciones	20
Número de emparejamientos ausentes	0

Variable	Tipo	N	Media	StdDev	Min	Máx
y1	DEP	20	102.29000	48.58450	33.10000	189.60000
y2	DEP	20	1941	413.84329	1171	2803
y3	DEP	20	400.16000	250.61885	97.80000	888.90000
x1	INDEP	20	42.89150	19.11019	12.93000	90.08000
x2	INDEP	20	670.91000	222.39193	191.50000	1194

Tipo de modelo	VARX(1,0)
Método de estimación	Least Squares Estimation

Estimadores constantes

Variable	Constante
y1	-12.01279
y2	702.08673
y3	-22.42110

Estimadores del coeficiente XLag

Retardo	Variable	x1	x2

0	y1	1.69281	-0.00859
	y2	-6.09850	2.57980
	y3	-0.02317	-0.01274

Estimadores del coeficiente AR

Retardo	Variable	y1	y2	y3
1	y1	0.23699	0.00763	0.02941
	y2	-2.46656	0.16379	-0.84090
	y3	0.95116	0.00224	0.93801

Representación esquemática
de los estimadores
de parámetros

```
Variable/
Retardo       C     XL0    AR1

y1            .     +.     ...
y2            +     .+     ...
y3            -     ..     +.+

   + es > 2*error std,  -
   is < -2*error std,  .
   está entre,  * es N/A
```

Estimadores del parámetro del modelo

Ecuación	Parámetro	Estimador	Error estándar	T Ratio	Prob>|T|	Variable
y1	CONST1	-12.01279	27.47108	-0.44	0.6691	1
	XL0_1_1	1.69281	0.54395	3.11	0.0083	x1(t)
	XL0_1_2	-0.00859	0.05361	-0.16	0.8752	x2(t)
	AR1_1_1	0.23699	0.20668	1.15	0.2722	y1(t-1)
	AR1_1_2	0.00763	0.01627	0.47	0.6470	y2(t-1)
	AR1_1_3	0.02941	0.04852	0.61	0.5548	y3(t-1)
y2	CONST2	702.08673	256.48046	2.74	0.0169	1
	XL0_2_1	-6.09850	5.07849	-1.20	0.2512	x1(t)
	XL0_2_2	2.57980	0.50056	5.15	0.0002	x2(t)
	AR1_2_1	-2.46656	1.92967	-1.28	0.2235	y1(t-1)
	AR1_2_2	0.16379	0.15193	1.08	0.3006	y2(t-1)
	AR1_2_3	-0.84090	0.45304	-1.86	0.0862	y3(t-1)
y3	CONST3	-22.42110	10.31166	-2.17	0.0487	1
	XL0_3_1	-0.02317	0.20418	-0.11	0.9114	x1(t)
	XL0_3_2	-0.01274	0.02012	-0.63	0.5377	x2(t)
	AR1_3_1	0.95116	0.07758	12.26	0.0001	y1(t-1)
	AR1_3_2	0.00224	0.00611	0.37	0.7201	y2(t-1)
	AR1_3_3	0.93801	0.01821	51.50	0.0001	y3(t-1)

Matriz de covarianza para la innovación

Variable	y1	y2	y3
y1	411.06910	1622.46798	9.52792
y2	1622.46798	35832	716.66755
y3	9.52792	716.66755	57.91900

Criterios de información

AICC(Corregido AIC)	21.67759

HQC(Critero Hannan-Quinn)	20.95452
AIC(Criterio de información Akaike)	20.80309
SBC(Criterio Schwarz Bayesian)	21.69783
FPEC(Criterio de error de predicción final)	1.1582E9

Matrices residuales de covarianza cruzada

Retardo	Variable	y1	y2	y3
0	y1	281.25781	1110.10967	6.51910
	y2	1110.10967	24517	490.35148
	y3	6.51910	490.35148	39.62879
1	y1	61.24470	636.64405	17.87847
	y2	-822.52917	-1520.55666	408.22683
	y3	1.71327	229.46032	11.46580
2	y1	-51.33863	396.89535	41.72413
	y2	-528.93405	6075.83715	318.40506
	y3	-61.11154	25.47364	4.84464
3	y1	-86.93046	-358.45548	6.88166
	y2	-434.05881	-1960.48020	175.42649
	y3	-36.64144	-95.64557	9.92238
4	y1	-53.88763	12.79847	-11.02016
	y2	-324.16934	994.46987	53.74558
	y3	-18.92824	-60.72693	-9.20609
5	y1	5.22919	-22.80903	11.05847
	y2	-470.10310	-1679.65947	-73.12066
	y3	-28.82980	-222.82474	-8.25124
6	y1	15.98369	903.22130	3.73421
	y2	-899.34051	-5133.42998	-133.45613
	y3	6.34587	-306.47533	-5.64969
7	y1	-74.79267	-207.25969	11.03110
	y2	-133.71943	-6470.17149	-384.85294
	y3	19.52281	54.48788	-15.86046
8	y1	-14.64355	-311.00198	14.02344
	y2	27.13071	-4300.78742	-96.47625
	y3	-8.66290	-311.56196	-3.97702
9	y1	62.67557	-64.95935	-18.53082
	y2	1154.70748	-2201.71788	-340.78106
	y3	36.75545	-174.12601	-9.69646
10	y1	7.27752	73.87302	-5.26973
	y2	211.42768	149.62729	-100.95322
	y3	22.93963	78.08801	-9.10672
11	y1	8.24840	68.65227	1.72019
	y2	439.70347	710.84960	71.80292
	y3	5.99671	10.35484	5.52660
12	y1	-29.58398	-66.89813	-2.82817
	y2	95.54305	-1908.30078	10.86513
	y3	6.47368	62.01744	1.95140

Matrices residuales de correlación cruzada

Retardo	Variable	y1	y2	y3
0	y1	1.00000	0.42275	0.06175
	y2	0.42275	1.00000	0.49747
	y3	0.06175	0.49747	1.00000
1	y1	0.21775	0.24245	0.16935
	y2	-0.31323	-0.06202	0.41416
	y3	0.01623	0.23279	0.28933
2	y1	-0.18253	0.15114	0.39521
	y2	-0.20143	0.24782	0.32303
2	y3	-0.57885	0.02584	0.12225

3	y1	-0.30908	-0.13651	0.06518
	y2	-0.16530	-0.07997	0.17797
	y3	-0.34707	-0.09704	0.25038
4	y1	-0.19160	0.00487	-0.10438
	y2	-0.12345	0.04056	0.05453
	y3	-0.17929	-0.06161	-0.23231
5	y1	0.01859	-0.00869	0.10475
	y2	-0.17902	-0.06851	-0.07418
	y3	-0.27308	-0.22606	-0.20821
6	y1	0.05683	0.34396	0.03537
	y2	-0.34248	-0.20939	-0.13539
	y3	0.06011	-0.31093	-0.14257
7	y1	-0.26592	-0.07893	0.10449
	y2	-0.05092	-0.26391	-0.39044
	y3	0.18492	0.05528	-0.40023
8	y1	-0.05206	-0.11843	0.13283
	y2	0.01033	-0.17542	-0.09788
	y3	-0.08206	-0.31609	-0.10036
9	y1	0.22284	-0.02474	-0.17552
	y2	0.43973	-0.08980	-0.34573
	y3	0.34815	-0.17666	-0.24468
10	y1	0.02587	0.02813	-0.04991
	y2	0.08052	0.00610	-0.10242
	y3	0.21728	0.07922	-0.22980
11	y1	0.02933	0.02614	0.01629
	y2	0.16745	0.02899	0.07285
	y3	0.05680	0.01051	0.13946
12	y1	-0.10518	-0.02548	-0.02679
	y2	0.03638	-0.07784	0.01102
	y3	0.06132	0.06292	0.04924

Representación esquemática de correlaciones cruzadas residuales

Variable/ Retardo	0	1	2	3	4	5	6	7	8	9	10	11	12
y1	+..	...	...	...	...	...	...	...	...	...	...	...	...
y2	.++	...	...	...	...	...	...	...	...	...	...	...	...
y3	.++	...	-..	...	...	...	...	...	...	...	...	...	...

+ es > 2*error std, - es < -2*error std, . está entre

Test de Portmanteau para
correlaciones cruzadas residuales

Para retardo	Chi-cuadrado	DF	Prob> ChiSq
2	27.49	9	0.0012
3	34.86	18	0.0099
4	40.78	27	0.0433
5	44.75	36	0.1504
6	61.03	45	0.0558
7	76.10	54	0.0254
8	82.66	63	0.0490
9	98.46	72	0.0209
10	103.91	81	0.0441
11	106.82	90	0.1089
12	110.00	99	0.2115

Comprobación del diagnóstico del modelo univariante

Variable	R-cuadrado	StdDev	F-valor	Prob>F
y1	0.8658	20.2748	16.77	<.0001
y2	0.8228	189.2936	12.07	0.0002

y3	0.9993	7.6105	3785.98	<.0001

Comprobación del diagnóstico del modelo univariante

Variable	DW(1)	ChiSq de normalidad	Prob> ChiSq	Valor ARCH1 F	Prob>F
y1	1.54	0.10	0.9507	0.34	0.5657
y2	2.06	0.70	0.7048	0.07	0.7937
y3	1.33	1.64	0.4394	0.51	0.4875

Comprobación del diagnóstico del modelo univariante

Variable	Valor AR1 F	Prob>F	Valor AR1-2 F	Prob>F	Valor AR1-3 F	Prob>F	Valor AR1-4 F	Prob>F
y1	0.82	0.3781	1.02	0.3853	1.15	0.3682	0.81	0.5473
y2	0.07	0.7941	1.02	0.3849	0.70	0.5694	0.23	0.9126
y3	1.62	0.2210	0.50	0.6173	0.68	0.5831	1.44	0.2910

La salida comienza presentando estadísticos descriptivos para las variables dependientes e independientes. A continuación muestra los parámetros estimados para la constante, los retardos de orden cero de las variables exógenas y los retardos de orden 1 de los coeficientes AR. Finalmente muestra la estimación del modelo VARX(1,0) y su diagnosis. Según los datos de los estimadores de los parámetros del modelo tenemos el siguiente ajuste:

$$\begin{pmatrix} y_{1t} \\ y_{2t} \\ y_{3t} \end{pmatrix} = \begin{pmatrix} -12.013 \\ (27.471) \\ 702.086 \\ (256.480) \\ -22.421 \\ (10.312) \end{pmatrix} + \begin{pmatrix} 1.693 & -0.009 \\ (0.544) & (0.054) \\ -6.099 & 2.580 \\ (5.078) & (0.501) \\ -0.023 & -0.013 \\ (0.204) & (0.020) \end{pmatrix} \begin{pmatrix} x_{1t} \\ x_{2t} \end{pmatrix}$$

$$+ \begin{pmatrix} 0.237 & 0.008 & 0.029 \\ (0.207) & (0.016) & (0.049) \\ -2.467 & 0.164 & -0.841 \\ (1.930) & (0.152) & (0.453) \\ 0.951 & 0.002 & 0.938 \\ (0.078) & (0.006) & (0.018) \end{pmatrix} \begin{pmatrix} y_{1,t-1} \\ y_{2,t-1} \\ y_{3,t-1} \end{pmatrix} + \begin{pmatrix} \epsilon_{1t} \\ \epsilon_{2t} \\ \epsilon_{3t} \end{pmatrix}$$

2.8 STATA Y LOS MODELOS VAR Y VEC. CONTRASTES DE CAUSALIDAD Y COINTEGRACIÓN. TEST DE JOHANSEN

La sentencia *var* de STATA permite ajustar modelos VAR. Las opciones más interesantes de esta sentencia son *noconstant* para suprimir el término constante, *lags(n)* para utilizar n retardos, *exog(variables)* para especificar variables exógenas, *constraints(restricciones)* para especificar restricciones lineales y *level(n)* para introducir un nivel de confianza.

Como ejemplo estimamos un modelo VAR con tres variables: la primera diferencia del logaritmo de la inversión (*dlinvestment*), la primera diferencia del logaritmo del ingreso (*dlincome*) y la primera diferencia del logaritmo del consumo (*dlconsumption*).

```
. use http://www.stata-press.com/data/r9/lutkepohl
(Quarterly SA West German macro data, Bil DM, from Lutkepohl 1993 Table E.1)

. tsset
        time variable:  qtr, 1960q1 to 1982q4

. var dlinvestment dlincome dlconsumption, lags(1/2)

Vector autoregression

Sample:  1960q4   1982q4                          No. of obs      =        89
Log likelihood =  742.2131                        AIC             = -16.20704
FPE            =  1.84e-11                        HQIC            = -15.97035
Det(Sigma_ml)  =  1.15e-11                        SBIC            = -15.61983

Equation           Parms      RMSE     R-sq      chi2     P>chi2
----------------------------------------------------------------
dlinvestment          7     .044295   0.1051   10.45617   0.1067
dlincome              7     .011224   0.1514   15.87886   0.0144
dlconsumption         7     .009938   0.2400   28.09971   0.0001
----------------------------------------------------------------

------------------------------------------------------------------------------
             |      Coef.   Std. Err.      z    P>|z|     [95% Conf. Interval]
-------------+----------------------------------------------------------------
dlinvestment |
dlinvestment |
         L1. |  -.2725654   .1093372    -2.49   0.013    -.4868623   -.0582684
         L2. |  -.1340503   .1089367    -1.23   0.218    -.3475624    .0794617
    dlincome |
         L1. |   .3374819   .4805209     0.70   0.482    -.6043217    1.279286
         L2. |   .1827302    .466292     0.39   0.695    -.7311852    1.096646
 dlconsumpt~n |
         L1. |   .6520473   .5450985     1.20   0.232    -.4163261    1.720421
         L2. |   .5980687   .5434576     1.10   0.271    -.4670886    1.663226
       _cons |  -.0099191   .0126649    -0.78   0.434    -.0347419    .0149037
-------------+----------------------------------------------------------------
dlincome     |
dlinvestment |
         L1. |   .0433473   .0277054     1.56   0.118    -.0109542    .0976488
         L2. |   .0616319   .0276039     2.23   0.026     .0075293    .1157345
    dlincome |
         L1. |  -.1232543    .121761    -1.01   0.311    -.3619015    .1153928
         L2. |   .0209769   .1181555     0.18   0.859    -.2106036    .2525573
dlconsumpt~n |
         L1. |   .3050571   .1381245     2.21   0.027      .034338    .5757762
         L2. |   .0490208   .1377087     0.36   0.722    -.2208833     .318925
       _cons |   .0125949   .0032092     3.92   0.000     .0063049    .0188848
-------------+----------------------------------------------------------------
dlconsumpt~n |
dlinvestment |
         L1. |   .0027381     .02453     0.11   0.911    -.0453398     .050816
         L2. |   .0497402   .0244401     2.04   0.042     .0018384     .097642
    dlincome |
         L1. |   .2893204   .1078057     2.68   0.007     .0780251    .5006157
         L2. |   .3664341   .1046134     3.50   0.000     .1613955    .5714726
dlconsumpt~n |
         L1. |  -.2845172   .1222938    -2.33   0.020    -.5242086   -.0448257
         L2. |  -.1159776   .1219257    -0.95   0.341    -.3549475    .1229924
       _cons |   .0123795   .0028414     4.36   0.000     .0068104    .0179485
------------------------------------------------------------------------------
```

STATA también permite la estimación de modelos VAR estructurales (introduciendo las matrices adecuadas para la definición del modelo) a través de la sentencia *svar*. A continuación se estima el modelo del ejemplo anterior como un VAR estructural.

```
. use http://www.stata-press.com/data/r9/lutkepohl
(Quarterly SA West German macro data, Bil DM, from Lutkepohl 1993 Table E.1)

. mat A = (1,0,0\.,1,0\.,.,1)

. mat B = (.,0,0\0,.,0\0,0,.)

. svar dlinvestment dlincome dlconsumption, aeq(A) beq(B)
Estimating short-run parameters

Iteration 0:   log likelihood = -280.45516
Iteration 1:   log likelihood =  399.28154
Iteration 2:   log likelihood =  540.73747
Iteration 3:   log likelihood =  552.76492
Iteration 4:   log likelihood =  606.33088
Iteration 5:   log likelihood =  668.93123
Iteration 6:   log likelihood =  710.03546
Iteration 7:   log likelihood =  741.06417
Iteration 8:   log likelihood =  742.19939
Iteration 9:   log likelihood =  742.21311
Iteration 10:  log likelihood =  742.21311

Structural vector autoregression

Constraints:
 ( 1)  [a_1_1]_cons = 1
 ( 2)  [a_1_2]_cons = 0
 ( 3)  [a_1_3]_cons = 0
 ( 4)  [a_2_2]_cons = 1
 ( 5)  [a_2_3]_cons = 0
 ( 6)  [a_3_3]_cons = 1
 ( 7)  [b_1_2]_cons = 0
 ( 8)  [b_1_3]_cons = 0
 ( 9)  [b_2_1]_cons = 0
 (10)  [b_2_3]_cons = 0
 (11)  [b_3_1]_cons = 0
 (12)  [b_3_2]_cons = 0

Sample:  1960q4   1982q4                          No. of obs      =         89
Exactly identified model                          Log likelihood  =   742.2131

------------------------------------------------------------------------------
             |      Coef.   Std. Err.      z    P>|z|     [95% Conf. Interval]
-------------+----------------------------------------------------------------
       /a_1_1 |          1          .        .       .            .           .
       /a_2_1 |   -.031361   .0266532    -1.18   0.239    -.0836003    .0208782
       /a_3_1 |  -.0566791   .0187076    -3.03   0.002    -.0933453   -.0200128
       /a_1_2 |          0          .        .       .            .           .
       /a_2_2 |          1          .        .       .            .           .
       /a_3_2 |  -.4792407   .0738282    -6.49   0.000    -.6239414   -.3345399
       /a_1_3 |          0          .        .       .            .           .
       /a_2_3 |          0          .        .       .            .           .
       /a_3_3 |          1          .        .       .            .           .
-------------+----------------------------------------------------------------
       /b_1_1 |   .0425173   .0031868    13.34   0.000     .0362712    .0487633
       /b_2_1 |          0          .        .       .            .           .
       /b_3_1 |          0          .        .       .            .           .
       /b_1_2 |          0          .        .       .            .           .
       /b_2_2 |   .0106908   .0008013    13.34   0.000     .0091202    .0122613
       /b_3_2 |          0          .        .       .            .           .
       /b_1_3 |          0          .        .       .            .           .
       /b_2_3 |          0          .        .       .            .           .
       /b_3_3 |   .0074461   .0005581    13.34   0.000     .0063522    .0085399
------------------------------------------------------------------------------
```

La sentencia *varbasic* de STATA permite la estimación de un modelo VAR básico graficando las funciones de impulso respuesta. A continuación vemos un ejemplo.

```
. varbasic dlinvestment dlincome dlconsumption

Vector autoregression

Sample:  1960q4   1982q4                         No. of obs      =        89
Log likelihood =  742.2131                       AIC             = -16.20704
FPE            =  1.84e-11                       HQIC            = -15.97035
Det(Sigma_ml)  =  1.15e-11                       SBIC            = -15.61983

Equation           Parms      RMSE     R-sq      chi2     P>chi2
----------------------------------------------------------------
dlinvestment          7     .044295   0.1051   10.45617   0.1067
dlincome              7     .011224   0.1514   15.87886   0.0144
dlconsumption         7     .009938   0.2400   28.09971   0.0001
----------------------------------------------------------------

------------------------------------------------------------------------------
             |      Coef.   Std. Err.      z    P>|z|     [95% Conf. Interval]
-------------+----------------------------------------------------------------
dlinvestment |
dlinvestment |
         L1. |  -.2725654   .1093372    -2.49   0.013    -.4868623   -.0582684
         L2. |  -.1340503   .1089367    -1.23   0.218    -.3475624    .0794617
    dlincome |
         L1. |   .3374819   .4805209     0.70   0.482    -.6043217    1.279286
         L2. |   .1827302    .466292     0.39   0.695    -.7311852    1.096646
dlconsumpt~n |
         L1. |   .6520473   .5450985     1.20   0.232    -.4163261    1.720421
         L2. |   .5980687   .5434576     1.10   0.271    -.4670886    1.663226
       _cons |  -.0099191   .0126649    -0.78   0.434    -.0347419    .0149037
-------------+----------------------------------------------------------------
dlincome     |
dlinvestment |
         L1. |   .0433473   .0277054     1.56   0.118    -.0109542    .0976488
         L2. |   .0616319   .0276039     2.23   0.026     .0075293    .1157345
    dlincome |
         L1. |  -.1232543    .121761    -1.01   0.311    -.3619015    .1153928
         L2. |   .0209769   .1181555     0.18   0.859    -.2106036    .2525573
dlconsumpt~n |
         L1. |   .3050571   .1381245     2.21   0.027      .034338    .5757762
         L2. |   .0490208   .1377087     0.36   0.722    -.2208833     .318925
       _cons |   .0125949   .0032092     3.92   0.000     .0063049    .0188848
-------------+----------------------------------------------------------------
dlconsumpt~n |
dlinvestment |
         L1. |   .0027381     .02453     0.11   0.911    -.0453398     .050816
         L2. |   .0497402   .0244401     2.04   0.042     .0018384     .097642
    dlincome |
         L1. |   .2893204   .1078057     2.68   0.007     .0780251    .5006157
         L2. |   .3664341   .1046134     3.50   0.000     .1613955    .5714726
dlconsumpt~n |
         L1. |  -.2845172   .1222938    -2.33   0.020    -.5242086   -.0448257
         L2. |  -.1159776   .1219257    -0.95   0.341    -.3549475    .1229924
       _cons |   .0123795   .0028414     4.36   0.000     .0068104    .0179485
------------------------------------------------------------------------------
```

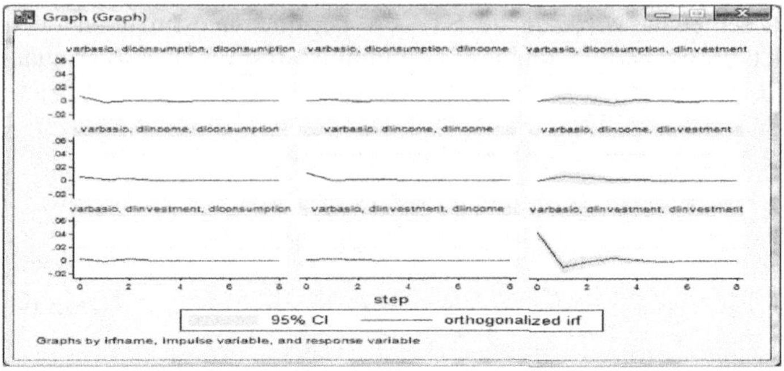

La sentencia *vargranger* de STATA permite ejecutar el ***test de causalidad de Granger*** después de las sentencias *var* o *svar*. Veamos un ejemplo.

```
. var dlinvestment dlincome dlconsumption, lags(1/2)

Vector autoregression

Sample:  1960q4   1982q4                       No. of obs      =        89
Log likelihood =  742.2131                     AIC             = -16.20704
FPE            =  1.84e-11                     HQIC            = -15.97035
Det(Sigma_ml)  =  1.15e-11                     SBIC            = -15.61983

Equation           Parms      RMSE     R-sq      chi2     P>chi2
----------------------------------------------------------------
dlinvestment          7     .044295   0.1051   10.45617   0.1067
dlincome              7     .011224   0.1514   15.87886   0.0144
dlconsumption         7     .009938   0.2400   28.09971   0.0001
----------------------------------------------------------------

------------------------------------------------------------------------------
             |      Coef.   Std. Err.      z    P>|z|     [95% Conf. Interval]
-------------+----------------------------------------------------------------
dlinvestment |
dlinvestment |
         L1. |  -.2725654   .1093372    -2.49   0.013    -.4868623   -.0582684
         L2. |  -.1340503   .1089367    -1.23   0.218    -.3475624    .0794617
    dlincome |
         L1. |   .3374819   .4805209     0.70   0.482    -.6043217    1.279286
         L2. |   .1827302    .466292     0.39   0.695    -.7311852    1.096646
dlconsumpt~n |
         L1. |   .6520473   .5450985     1.20   0.232    -.4163261    1.720421
         L2. |   .5980687   .5434576     1.10   0.271    -.4670886    1.663226
       _cons |  -.0099191   .0126649    -0.78   0.434    -.0347419    .0149037
-------------+----------------------------------------------------------------
dlincome     |
dlinvestment |
         L1. |   .0433473   .0277054     1.56   0.118    -.0109542    .0976488
         L2. |   .0616319   .0276039     2.23   0.026     .0075293    .1157345
    dlincome |
         L1. |  -.1232543    .121761    -1.01   0.311    -.3619015    .1153928
         L2. |   .0209769   .1181555     0.18   0.859    -.2106036    .2525573
dlconsumpt~n |
         L1. |   .3050571   .1381245     2.21   0.027      .034338    .5757762
         L2. |   .0490208   .1377087     0.36   0.722    -.2208833     .318925
       _cons |   .0125949   .0032092     3.92   0.000     .0063049    .0188848
-------------+----------------------------------------------------------------
dlconsumpt~n |
dlinvestment |
```

```
          L1. |   .0027381     .02453      0.11   0.911    -.0453398     .050816
          L2. |   .0497402   .0244401      2.04   0.042     .0018384     .097642
     dlincome |
          L1. |   .2893204   .1078057      2.68   0.007     .0780251    .5006157
          L2. |   .3664341   .1046134      3.50   0.000     .1613955    .5714726
dlconsumpt~n  |
          L1. |  -.2845172   .1222938     -2.33   0.020    -.5242086   -.0448257
          L2. |  -.1159776   .1219257     -0.95   0.341    -.3549475    .1229924
        _cons |   .0123795   .0028414      4.36   0.000     .0068104    .0179485
------------------------------------------------------------------------------

.
. vargranger

  Granger causality Wald tests
  +------------------------------------------------------------------+
  |          Equation           Excluded |   chi2     df Prob > chi2 |
  |--------------------------------------+---------------------------|
  |      dlinvestment           dlincome |  .55668     2    0.757    |
  |      dlinvestment      dlconsumption |  1.9443     2    0.378    |
  |      dlinvestment                ALL |  7.3184     4    0.120    |
  |--------------------------------------+---------------------------|
  |          dlincome       dlinvestment |  6.2466     2    0.044    |
  |          dlincome      dlconsumption |  5.1029     2    0.078    |
  |          dlincome                ALL |  13.087     4    0.011    |
  |--------------------------------------+---------------------------|
  |     dlconsumption       dlinvestment |  4.2446     2    0.120    |
  |     dlconsumption           dlincome |  16.275     2    0.000    |
  |     dlconsumption                ALL |  21.717     4    0.000    |
  +------------------------------------------------------------------+
```

STATA dispone de las sentencias *varlmar* y *varnorm* para realizar ***contrastes de autocorrelación residual y normalidad residual en los modelos VAR y SVAR***. La opción *mlag(n)* introduce el número máximo de retardos para la autocorelación. Para la normalidad se pueden introducir como opciones *jbera, skewness* y *kurtosis* como tipos de contrastes. A continuación se realizan los contrastes de autocorrelación y normalidad residual para el modelo el ejemplo anterior.

```
. varlmar, mlag(5)
  Lagrange-multiplier test
  +--------------------------------------+
  | lag |      chi2    df   Prob > chi2  |
  |-----+--------------------------------|
  |  1  |    8.8693     9     0.44942    |
  |  2  |   10.9722     9     0.27762    |
  |  3  |    9.4300     9     0.39856    |
  |  4  |   15.5757     9     0.07629    |
  |  5  |    2.7613     9     0.97301    |
  +--------------------------------------+
  H0: no autocorrelation at lag order

. varnorm
  Jarque-Bera test
  +--------------------------------------------------------+
  |           Equation |          chi2   df  Prob > chi2   |
  |--------------------+-----------------------------------|
  |       dlinvestment |        14.845   2     0.00060     |
```

```
|           dlincome |              8.606   2    0.01353    |
|      dlconsumption |              0.313   2    0.85499    |
|                ALL |             23.764   6    0.00058    |
+------------------------------------------------------------+
 Skewness test
+------------------------------------------------------------+
|           Equation | Skewness    chi2   df   Prob > chi2  |
|--------------------+---------------------------------------|
|       dlinvestment |  .09925     0.146   1    0.70228     |
|           dlincome | -.29398     1.282   1    0.25753     |
|      dlconsumption | -.12539     0.233   1    0.62915     |
|                ALL |             1.661   3    0.64557     |
+------------------------------------------------------------+
 Kurtosis test
+------------------------------------------------------------+
|           Equation | Kurtosis    chi2   df   Prob > chi2  |
|--------------------+---------------------------------------|
|       dlinvestment |  4.9909    14.699   1    0.00013     |
|           dlincome |  4.4053     7.324   1    0.00681     |
|      dlconsumption |   2.853     0.080   1    0.77713     |
|                ALL |            22.102   3    0.00006     |
+------------------------------------------------------------+
```

Con STATA también se puede realizar el ***test de cointegración de Johansen*** y ajustar el ***modelo de corrección del error*** correspondiente en los modelos VAR. La sentencia *vecranc* realiza el test de cointegración de Johansen y la sentencia *vec* ajusta el modelo de corrección del error. A continuación se presenta un ejemplo para un modelo con cuatro variables utilizando tres retardos.

```
. use http://www.stata-press.com/data/r9/txhprice, clear

. vecrank austin dallas houston sa, lag(3)

                       Johansen tests for cointegration
Trend: constant                                        Number of obs =     165
Sample:   1990m4  2003m12                                       Lags =       3
-------------------------------------------------------------------------------
                                                        5%
maximum                                       trace    critical
  rank    parms       LL       eigenvalue  statistic    value
   0       36     1107.7833        .        101.6070    47.21
   1       43     1137.7484     0.30456      41.6768    29.68
   2       48     1153.6435     0.17524       9.8865*   15.41
   3       51     1158.4191     0.05624       0.3354     3.76
   4       52     1158.5868     0.00203
-------------------------------------------------------------------------------
```

Hemos encontrado dos relaciones de cointegración. Para ajustar el modelo de corrección del error correspondiente utilizamos la sentencia *vec*.

```
. vec austin dallas houston sa, lag(3) rank(2)

Vector error-correction model

Sample:  1990m4  2003m12                          No. of obs        =       165
                                                  AIC               = -13.40174
Log likelihood =  1153.644                        HQIC              = -13.03496
```

```
Det(Sigma_ml)  =  9.93e-12                       SBIC              =  -12.49819

Equation           Parms      RMSE     R-sq      chi2     P>chi2
----------------------------------------------------------------
D_austin             11     .047995   0.2875   61.72788   0.0000
D_dallas             11     .038872   0.1954   37.15132   0.0001
D_houston            11     .042854   0.4676   134.3761   0.0000
D_sa                 11     .052892   0.3141   70.05815   0.0000
----------------------------------------------------------------

------------------------------------------------------------------------------
             |      Coef.   Std. Err.      z    P>|z|     [95% Conf. Interval]
-------------+----------------------------------------------------------------
D_austin     |
        _ce1 |
         L1. |  -.1480888   .0591085    -2.51   0.012    -.2639393   -.0322383
        _ce2 |
         L1. |  -.0402385   .1221438    -0.33   0.742     -.279636    .1991589
      austin |
         LD. |  -.3678125    .086496    -4.25   0.000    -.5373415   -.1982836
        L2D. |  -.2289378   .0788415    -2.90   0.004    -.3834644   -.0744112
      dallas |
         LD. |   .2717324   .1336168     2.03   0.042     .0098484    .5336165
        L2D. |   .0974838   .1153095     0.85   0.398    -.1285187    .3234862
     houston |
         LD. |   .0536793   .1235346     0.43   0.664     -.188444    .2958027
        L2D. |  -.0437925   .0912195    -0.48   0.631    -.2225794    .1349945
          sa |
         LD. |  -.2761228   .0817978    -3.38   0.001    -.4364436   -.1158019
        L2D. |  -.1549178   .0760511    -2.04   0.042    -.3039752   -.0058605
       _cons |   .0094995   .0038546     2.46   0.014     .0019448    .0170543
-------------+----------------------------------------------------------------
D_dallas     |
        _ce1 |
         L1. |   .0728342   .0478729     1.52   0.128    -.0209949    .1666634
        _ce2 |
         L1. |  -.3089124   .0989262    -3.12   0.002    -.5028042   -.1150207
      austin |
         LD. |  -.0007882   .0700544    -0.01   0.991    -.1380923     .136516
        L2D. |   .0149861    .063855     0.23   0.814    -.1101674    .1401397
      dallas |
         LD. |  -.1582048   .1082183    -1.46   0.144    -.3703089    .0538992
        L2D. |    .012165    .093391     0.13   0.896    -.1708779     .195208
     houston |
         LD. |  -.1811501   .1000526    -1.81   0.070    -.3772496    .0149494
        L2D. |   -.067546   .0738801    -0.91   0.361    -.2123484    .0772563
          sa |
         LD. |   .1287132   .0662494     1.94   0.052    -.0011331    .2585596
        L2D. |   .0998227    .061595     1.62   0.105    -.0209012    .2205466
       _cons |   .0041647   .0031219     1.33   0.182     -.001954    .0102835
-------------+----------------------------------------------------------------
D_houston    |
        _ce1 |
         L1. |   .1900478   .0527777     3.60   0.000     .0866053    .2934903
        _ce2 |
         L1. |   .6039838   .1090617     5.54   0.000     .3902267    .8177409
      austin |
         LD. |  -.0719686   .0772319    -0.93   0.351    -.2233403    .0794032
        L2D. |  -.0486423   .0703973    -0.69   0.490    -.1866185    .0893339
      dallas |
         LD. |  -.2710895   .1193059    -2.27   0.023    -.5049248   -.0372543
        L2D. |  -.2203616   .1029594    -2.14   0.032    -.4221583   -.0185648
     houston |
         LD. |  -.1341298   .1103036    -1.22   0.224    -.3503208    .0820612
        L2D. |     .13256   .0814496     1.63   0.104    -.0270782    .2921982
          sa |
         LD. |   .2176672    .073037     2.98   0.003     .0745173    .3608171
        L2D. |   .0781981   .0679057     1.15   0.249    -.0548946    .2112909
       _cons |   .0032671   .0034417     0.95   0.342    -.0034785    .0100128
```

```
-------------+----------------------------------------------------------------
D_sa         |
         _ce1 |
          L1. |   .2826268   .0651401     4.34   0.000     .1549546     .410299
         _ce2 |
          L1. |  -.1783621   .1346077    -1.33   0.185    -.4421883     .085464
       austin |
          LD. |  -.1212452   .0953222    -1.27   0.203    -.3080733    .0655829
         L2D. |   .1312372   .0868867     1.51   0.131    -.0390577    .3015321
       dallas |
          LD. |   .2753613   .1472514     1.87   0.061    -.0132461    .5639687
         L2D. |   .0731444    .127076     0.58   0.565    -.1759199    .3222087
      houston |
          LD. |   .0359778   .1361404     0.26   0.792    -.2308524     .302808
         L2D. |   .0904846   .1005278     0.90   0.368    -.1065462    .2875155
           sa |
          LD. |   -.176293   .0901447    -1.96   0.051    -.3529734    .0003874
         L2D. |   -.138557   .0838115    -1.65   0.098    -.3028245    .0257105
        _cons |   .0017073   .0042479     0.40   0.688    -.0066184     .010033
------------------------------------------------------------------------------

Cointegrating equations

Equation           Parms    chi2     P>chi2
-------------------------------------------
_ce1                   2   586.3044   0.0000
_ce2                   2   2169.826   0.0000
-------------------------------------------

Identification:  beta is exactly identified
                 Johansen normalization restrictions imposed
------------------------------------------------------------------------------
        beta |      Coef.   Std. Err.      z    P>|z|     [95% Conf. Interval]
-------------+----------------------------------------------------------------
_ce1         |
      austin |          1          .        .       .            .           .
      dallas |  (dropped)
     houston |  -.2623782   .1893625    -1.39   0.166    -.6335219    .1087655
          sa |  -1.241805    .229643    -5.41   0.000    -1.691897   -.7917128
       _cons |   5.577099          .        .       .            .           .
-------------+----------------------------------------------------------------
_ce2         |
      austin |  (dropped)
      dallas |          1          .        .       .            .           .
     houston |  -1.095652   .0669898   -16.36   0.000     -1.22695   -.9643545
          sa |   .2883986   .0812396     3.55   0.000     .1291718    .4476253
       _cons |  -2.351372          .        .       .            .           .
------------------------------------------------------------------------------
```

Las sentencias *veclmar* y *vecnorm* realizan los ***contrastes de autocorrelación y normalidad residual en un modelo de corrección del error***.

```
. veclmar, mlag(4)
  Lagrange-multiplier test
+--------------------------------------+
| lag  |      chi2     df   Prob > chi2 |
|------+-------------------------------|
|   1  |   56.8757     16     0.00000   |
|   2  |   31.1970     16     0.01270   |
|   3  |   30.6818     16     0.01477   |
|   4  |   14.6493     16     0.55046   |
+--------------------------------------+
  H0: no autocorrelation at lag order
. vecnorm
  Jarque-Bera test
```

```
+-------------------------------------------------------+
|          Equation |              chi2   df  Prob > chi2 |
|-------------------+-----------------------------------|
|          D_austin |           216.190   2    0.00000   |
|          D_dallas |             2.670   2    0.26316   |
|         D_houston |           353.273   2    0.00000   |
|              D_sa |            17.156   2    0.00019   |
|               ALL |           589.290   8    0.00000   |
+-------------------------------------------------------+
 Skewness test
+-------------------------------------------------------+
|          Equation | Skewness    chi2   df  Prob > chi2 |
|-------------------+-----------------------------------|
|          D_austin | -.43488    5.201   1    0.02258   |
|          D_dallas | -.21087    1.223   1    0.26881   |
|         D_houston | -1.0347   29.442   1    0.00000   |
|              D_sa |    .476    6.231   1    0.01256   |
|               ALL |           42.096   4    0.00000   |
+-------------------------------------------------------+
 Kurtosis test
+-------------------------------------------------------+
|          Equation | Kurtosis    chi2   df  Prob > chi2 |
|-------------------+-----------------------------------|
|          D_austin |  8.5398  210.989   1    0.00000   |
|          D_dallas |  3.4588    1.447   1    0.22898   |
|         D_houston |  9.8631  323.831   1    0.00000   |
|              D_sa |  4.2606   10.925   1    0.00095   |
|               ALL |          547.193   4    0.00000   |
+-------------------------------------------------------+
```

Ejercicio 2-1. A partir de los datos de dos series temporales y1 e y2 contenidos en el archivo SAS a.sas7bdat se trata de ajustar un modelo VAR(1) comprobando si las series son estacionarias. Ajustar automáticamente por el criterio de información mínima el modelo VAR de parámetros óptimos. Ajustar finalmente un VAR bayesiano BVAR(1).

La sintaxis SAS que resuelve este problema podría ser la siguiente:

```
/* Comprobación de la estacionariedad */
   proc varmax data=ejemplos.a;
      model y1 y2 / p=1 dftest print=(roots);
   run;

    /* Ajuste con selección automática del orden del VAR */
   proc varmax data=ejemplos.a;
      model y1 y2 / minic=(type=aic p=5);
   run;
 /* Ajuste de un BVAR(1) de series no estacionarias y1 e y2
*/
   proc varmax data=ejemplos.a;
      model y1 y2 / p=1
         prior=(lambda=1 theta=0.2 ivar nrep=200);
   run;
```

En primer lugar se presenta la salida del test de Dickey Fuller para la estacionariedad de las series temporales (p-valores menores que 0,05 indican estacionariedad) y el ajuste del modelo VAR(1).

Procedimiento VARMAX

Número de observaciones	100
Número de emparejamientos ausentes	0

Variable	Tipo	N	Media	StdDev	Min	Máx
y1	DEP	100	-1.10387	2.30643	-6.23766	4.16934
y2	DEP	100	-1.12801	2.30607	-5.82439	4.92176

Pruebas de la raíz unidad de Dickey-Fuller

Variable	Tipo	Rho	Prob<Rho	Tau	Prob<Tau
y1	Zero Mean	-24.0529	0.0003	-3.62	0.0004
	Single Mean	-29.7177	0.0009	-3.91	0.0028
	Trend	-38.6716	0.0005	-4.34	0.0042
y2	Zero Mean	-32.181	<.0001	-4.17	<.0001
	Single Mean	-41.3284	0.0009	-4.61	0.0003
	Trend	-45.1384	0.0003	-4.73	0.0012

Procedimiento VARMAX

Tipo de modelo	VAR(1)
Método de estimación	Least Squares Estimation

Estimadores constantes

Variable	Constante
y1	-0.31668
y2	-0.09313

Estimadores del coeficiente AR

Retardo	Variable	y1	y2
1	y1	1.17738	-0.48797
	y2	0.66498	0.24593

Representación esquemática de los estimadores de parámetros

Variable/ Retardo	C	AR1
y1	-	+-
y2	.	++

+ es > 2*error std, - is < -2*error std, . está entre, * es N/A

Estimadores del parámetro del modelo

Ecuación	Parámetro	Estimador	Error estándar	T Ratio	Prob>|T|	Variable
y1	CONST1	-0.31668	0.12458	-2.54	0.0126	1
	AR1_1_1	1.17738	0.07215	16.32	0.0001	y1(t-1)
	AR1_1_2	-0.48797	0.07213	-6.77	0.0001	y2(t-1)
y2	CONST2	-0.09313	0.13287	-0.70	0.4851	1
	AR1_2_1	0.66498	0.07695	8.64	0.0001	y1(t-1)
	AR1_2_2	0.24593	0.07693	3.20	0.0019	y2(t-1)

Matriz de covarianza para la innovación

Variable	y1	y2
y1	1.20680	0.57365
y2	0.57365	1.37277

Criterios de información

AICC(Corregido AIC)	0.346814
HQC(Critero Hannan-Quinn)	0.406662
AIC(Criterio de información Akaike)	0.343026
SBC(Criterio Schwarz Bayesian)	0.500306
FPEC(Criterio de error de predicción final)	1.409258

Test de Portmanteau para correlaciones cruzadas residuales

Para retardo	Chi-cuadrado	DF	Prob> ChiSq
2	3.80	4	0.4341
3	7.14	8	0.5213
4	9.21	12	0.6848
5	13.45	16	0.6400
6	19.44	20	0.4932
7	21.33	24	0.6194
8	23.50	28	0.7079
9	26.70	32	0.7319
10	29.57	36	0.7667
11	33.05	40	0.7737
12	34.35	44	0.8516

Comprobación del diagnóstico del modelo univariante

Variable	R-cuadrado	StdDev	F-valor	Prob>F
y1	0.7764	1.0985	166.63	<.0001
y2	0.7487	1.1717	143.03	<.0001

Comprobación del diagnóstico del modelo univariante

Variable	DW(1)	ChiSq de normalidad	Prob> ChiSq	Valor ARCH1 F	Prob>F
y1	2.22	0.70	0.7055	0.60	0.4395
y2	2.05	0.34	0.8418	0.80	0.3725

Comprobación del diagnóstico del modelo univariante

Variable	Valor AR1 F	Prob>F	Valor AR1-2 F	Prob>F	Valor AR1-3 F	Prob>F	Valor AR1-4 F	Prob>F

y1	1.29	0.2583	0.65	0.5266	0.47	0.7059	0.48	0.7526
y2	0.10	0.7505	0.12	0.8855	0.39	0.7637	0.73	0.5748

Raices del polinomio característico AR

Índice	Real	Imaginaria	Módulo	ATAN(I/R)	Grado
1	0.71166	0.32801	0.7836	0.4319	24.7457
2	0.71166	-0.32801	0.7836	-0.4319	-24.7457

A continuación se muestra la salida del ***ajuste automático del VAR*** usando el criterio de información mínimo observándose que el modelo óptimo es un VAR(1) con el ajuste ya visto anteriormente.

Procedimiento VARMAX

Número de observaciones	100
Número de emparejamientos ausentes	0

Variable	Tipo	N	Media	StdDev	Min	Máx
y1	DEP	100	-1.10387	2.30643	-6.23766	4.16934
y2	DEP	100	-1.12801	2.30607	-5.82439	4.92176

Criterio de información mínimo

Retardo	MA 0	MA 1	MA 2	MA 3	MA 4	MA 5
AR 0	2.4754642	2.1539643	1.8139318	1.3642417	1.1525579	0.9959583
AR 1	0.2563238	0.3752206	0.4215732	0.401645	0.4403013	0.4941329
AR 2	0.2830094	0.4166387	0.4792004	0.4587122	0.5049212	0.5156728
AR 3	0.3228702	0.4400563	0.4381131	0.5007988	0.5238465	0.5770774
AR 4	0.3898227	0.4799863	0.4944825	0.5478557	0.5955508	0.6540854
AR 5	0.4182354	0.4836044	0.5204438	0.5889393	0.6583293	0.6454919

Tipo de modelo VAR(1)

A continuación se presenta el ***ajuste de un VAR bayesiano BVAR(1)***.

Procedimiento VARMAX

Número de observaciones	100
Número de emparejamientos ausentes	0

Variable	Tipo	N	Media	StdDev	Min	Máx
y1	DEP	100	-1.10387	2.30643	-6.23766	4.16934
y2	DEP	100	-1.12801	2.30607	-5.82439	4.92176

Tipo de modelo	BVAR(1)
Método de estimación	Maximum Likelihood Estimation
Prior LAMBDA	1
Prior THETA	0.2

Estimadores constantes

Variable	Constante
y1	-0.29831
y2	-0.11159

Estimadores del coeficiente AR

Retardo	Variable	y1	y2

1	y1	1.13099	-0.42631
	y2	0.58783	0.30536

Estimadores del parámetro del modelo

Ecuación	Parámetro	Estimador	Error estándar	T Ratio	Prob>|T|	Variable
y1	CONST1	-0.29831	0.12244	-2.44	0.0166	1
	AR1_1_1	1.13099	0.06835	16.55	0.0001	y1(t-1)
	AR1_1_2	-0.42631	0.06634	-6.43	0.0001	y2(t-1)
y2	CONST2	-0.11159	0.13066	-0.85	0.3951	1
	AR1_2_1	0.58783	0.07130	8.24	0.0001	y1(t-1)
	AR1_2_2	0.30536	0.07315	4.17	0.0001	y2(t-1)

Matriz de covarianza
para la innovación

Variable	y1	y2
y1	1.17914	0.56490
y2	0.56490	1.34512

Criterios de información

AICC(Corregido AIC)	0.361631
HQC(Critero Hannan-Quinn)	0.421479
AIC(Criterio de información Akaike)	0.357843
SBC(Criterio Schwarz Bayesian)	0.515123
FPEC(Criterio de error de predicción final)	1.430295

Test de Portmanteau para
correlaciones cruzadas residuales

Para retardo	Chi-cuadrado	DF	Prob> ChiSq
2	4.82	4	0.3060
3	8.83	8	0.3568
4	10.31	12	0.5885
5	14.43	16	0.5666
6	21.12	20	0.3899
7	23.07	24	0.5155
8	25.28	28	0.6126
9	28.07	32	0.6659
10	31.12	36	0.6998
11	34.36	40	0.7215
12	35.67	44	0.8101

Comprobación del diagnóstico del modelo univariante

Variable	R-cuadrado	StdDev	F-valor	Prob>F
y1	0.7747	1.0859	165.00	<.0001
y2	0.7461	1.1598	141.05	<.0001

Comprobación del diagnóstico del modelo univariante

Variable	DW(1)	ChiSq de normalidad	Prob> ChiSq	Valor ARCH1 F	Prob>F
y1	2.18	0.55	0.7591	0.68	0.4121
y2	2.08	1.31	0.5207	0.89	0.3487

Comprobación del diagnóstico del modelo univariante

Variable	Valor AR1 F	Prob>F	Valor AR1-2 F	Prob>F	Valor AR1-3 F	Prob>F	Valor AR1-4 F	Prob>F

y1	0.92	0.3387	0.46	0.6306	0.34	0.7973	0.33	0.8556
y2	0.24	0.6222	0.34	0.7135	0.34	0.7950	0.58	0.6775

Se observa que los valores de los estadísticos de los criterios de información (AICC, HDC, AIC, SBC y FPEC) tienen valores mayores para la estimación del VAR bayesiano, lo que indica que es mejor el ajuste a un VAR, aunque la diferencia no es muy grande).

Ejercicio 2-2. A partir de los datos de las series temporales y1, y2 , y3 e y4 contenidos en el archivo SAS b.sas7bdat se trata de realizar el contraste de cointegración de Johansen utilizando los estadísticos de la traza y el máximo para un VAR(2). Realizar también el contraste de cointegración utilizando los filtros por diferencias y residual y el estadístico del Kernel. Ajustar un modelo VECM(2).

La sintaxis SAS adecuada sería la siguiente:

```
 /* Test del rango de cointegración con estadístico de la traza
*/
   proc varmax data=b;
      model y1-y4 / p=2 lagmax=4 cointtest;
   run;

 /* Test del rango de cointegración con estadístico del máximo
*/
   proc varmax data=b;
      model          y1-y4          /          p=2          lagmax=4
cointtest=(johansen=(type=max));
   run;

 /* Test de tendencia común con Filter(Differencing)*/
   proc varmax data=b;
      model y1-y4 / p=2 lagmax=4 cointtest=(sw);
   run;

 /* Test de tendencia común con Filter(Residual)*/
   proc varmax data=b;
      model y1-y4 / p=2 lagmax=4 cointtest=(sw=(type=filtres
lag=1));
   run;

 /* Test de tendencia común usando el estadístico del
Kernel*/
   proc varmax data=b;
      model y1-y4 / p=2 lagmax=4 cointtest=(sw=(type=kernel
lag=1));
   run;
```

La salida del test de Johansen para el estadístico de la traza y el ajuste de una VAR(2) es la siguiente

Procedimiento VARMAX

Número de observaciones	100
Número de emparejamientos ausentes	0

Variable	Tipo	N	Media	StdDev	Min	Máx
y1	DEP	100	0.01667	0.01517	-0.01525	0.05864
y2	DEP	100	0.00510	0.01173	-0.02163	0.03549
y3	DEP	100	0.00499	0.00990	-0.01792	0.02877
y4	DEP	100	-0.01054	0.01306	-0.03787	0.01907

Prueba del rango de cointegración

H_0: Rango=r	H_1: Rango>r	Autovalor	Traza	5Valor crítico %	Drift InECM	DriftIn Process
0	0	0.5210	149.73	47.21	Constant	Linear
1	1	0.3680	77.60	29.38		
2	2	0.2210	32.63	15.34		
3	3	0.0799	8.16	3.84		

Prueba del rango de cointegración bajo la restricción

H_0: Rango=r	H_1: Rango>r	Autovalor	Traza	5Valor crítico %	Drift InECM	DriftIn Process
0	0	0.5210	149.78	53.42	Constant	Constant
1	1	0.3680	77.65	34.80		
2	2	0.2211	32.68	19.99		
3	3	0.0801	8.19	9.13		

Prueba de la restricción
cuando RANGO=r

Hypo	Drift InECM	DriftIn Process
H_0	Constant	Constant
H_1	Constant	Linear

Prueba de la restricción cuando RANGO=r

Fila	Autovalor en la restricción	Autovalor	Chi-cuadrado	DF	Prob> ChiSq
0	0.5210	0.5210	0.06	4	0.9996
1	0.3680	0.3680	0.06	3	0.9965
2	0.2211	0.2210	0.05	2	0.9777
3	0.0801	0.0799	0.03	1	0.8700

Estimadores BETA del parámetro Long-Run

Variable	Prueba 1	Prueba 2	Prueba 3	Prueba 4
y1	479.39193	-21.67538	-17.13139	36.65387
y2	-103.71352	148.50211	39.98639	-2.82961
y3	-432.35997	-127.22646	125.09457	26.57244
y4	507.30723	17.80075	45.84192	-43.17633

Estimadores ALPHA del coeficiente de ajuste

Variable	Prueba 1	Prueba 2	Prueba 3	Prueba 4
y1	-0.00009970	-0.00188	-0.00088387	-0.00172
y2	0.00140	-0.00515	-0.00072298	0.00004389
y3	0.00054080	0.00038037	-0.00389	0.00104
y4	-0.00242	-0.00022917	-0.00143	0.00025694

Coeficiente BETA de larga duración
basado en la tendencia restringida

Variable	Prueba 1	Prueba 2	Prueba 3	Prueba 4
y1	479.38327	-21.76632	-17.17339	36.50104
y2	-103.69474	148.51855	39.84287	-3.06446
y3	-432.35989	-127.05961	125.27456	26.51332
y4	507.30352	17.71446	45.66878	-43.40310
1	-0.04142	0.45667	-0.02148	-1.12443

Coeficiente de ajuste ALPHA basado en tendencia restringida

Variable	Prueba 1	Prueba 2	Prueba 3	Prueba 4
y1	-0.00010082	-0.00188	-0.00088756	-0.00172
y2	0.00140	-0.00515	-0.00072079	0.00004539
y3	0.00054043	0.00037778	-0.00389	0.00104
y4	-0.00242	-0.00023005	-0.00143	0.00025855

Tipo de modelo	VAR(2)
Método de estimación	Least Squares Estimation

Estimadores constantes

Variable	Constante
y1	0.00110
y2	-0.00245
y3	-0.00093567
y4	-0.00026504

Estimadores del coeficiente AR

Retardo	Variable	y1	y2	y3	y4
1	y1	1.26410	-0.45847	0.20832	0.08913
	y2	0.58204	0.28056	-0.06951	0.60902
	y3	0.34287	-0.11507	-0.05755	-0.00304
	y4	-1.00588	0.16567	0.78531	-0.29802
2	y1	-0.31896	0.15890	-0.08204	-0.13953
	y2	0.21573	-0.22004	0.02949	-0.02452
	y3	0.01281	-0.04318	0.31571	0.06094
	y4	-0.11369	-0.00686	0.11697	-0.00841

Representación esquemática de
los estimadores de parámetros

Variable/ Retardo	C	AR1	AR2
y1	.	+-..	....
y2	-	++.+	....
y3	.	+...	....
y4	.	-++.	....

+ es > 2*error std, -
is < -2*error std, .
está entre, * es N/A

Estimadores del parámetro del modelo

Ecuación	Parámetro	Estimador	Error estándar	T Ratio	Prob>|T|	Variable
y1	CONST1	0.00110	0.00112	0.98	0.3297	1
	AR1_1_1	1.26410	0.11672	10.83	0.0001	y1(t-1)
	AR1_1_2	-0.45847	0.10653	-4.30	0.0001	y2(t-1)
	AR1_1_3	0.20832	0.12594	1.65	0.1016	y3(t-1)
	AR1_1_4	0.08913	0.27569	0.32	0.7472	y4(t-1)
	AR2_1_1	-0.31896	0.37548	-0.85	0.3979	y1(t-2)
	AR2_1_2	0.15890	0.12493	1.27	0.2067	y2(t-2)
	AR2_1_3	-0.08204	0.22581	-0.36	0.7172	y3(t-2)
	AR2_1_4	-0.13953	0.11258	-1.24	0.2185	y4(t-2)
y2	CONST2	-0.00245	0.00120	-2.04	0.0444	1
	AR1_2_1	0.58204	0.12513	4.65	0.0001	y1(t-1)
	AR1_2_2	0.28056	0.11421	2.46	0.0160	y2(t-1)
	AR1_2_3	-0.06951	0.13502	-0.51	0.6080	y3(t-1)
	AR1_2_4	0.60902	0.29556	2.06	0.0423	y4(t-1)
	AR2_2_1	0.21573	0.40255	0.54	0.5934	y1(t-2)
	AR2_2_2	-0.22004	0.13394	-1.64	0.1039	y2(t-2)
	AR2_2_3	0.02949	0.24209	0.12	0.9033	y3(t-2)
	AR2_2_4	-0.02452	0.12069	-0.20	0.8395	y4(t-2)
y3	CONST3	-0.00093567	0.00139	-0.67	0.5033	1
	AR1_3_1	0.34287	0.14519	2.36	0.0204	y1(t-1)
	AR1_3_2	-0.11507	0.13252	-0.87	0.3876	y2(t-1)
	AR1_3_3	-0.05755	0.15667	-0.37	0.7142	y3(t-1)
	AR1_3_4	-0.00304	0.34294	-0.01	0.9929	y4(t-1)
	AR2_3_1	0.01281	0.46708	0.03	0.9782	y1(t-2)
	AR2_3_2	-0.04318	0.15541	-0.28	0.7818	y2(t-2)
	AR2_3_3	0.31571	0.28090	1.12	0.2641	y3(t-2)
	AR2_3_4	0.06094	0.14004	0.44	0.6645	y4(t-2)
y4	CONST4	-0.00026504	0.00062567	-0.42	0.6729	1
	AR1_4_1	-1.00588	0.06525	-15.42	0.0001	y1(t-1)
	AR1_4_2	0.16567	0.05955	2.78	0.0066	y2(t-1)
	AR1_4_3	0.78531	0.07040	11.15	0.0001	y3(t-1)
	AR1_4_4	-0.29802	0.15411	-1.93	0.0563	y4(t-1)
	AR2_4_1	-0.11369	0.20990	-0.54	0.5894	y1(t-2)
	AR2_4_2	-0.00686	0.06984	-0.10	0.9220	y2(t-2)
	AR2_4_3	0.11697	0.12623	0.93	0.3566	y3(t-2)
	AR2_4_4	-0.00841	0.06293	-0.13	0.8940	y4(t-2)

Matriz de covarianza para la innovación

Variable	y1	y2	y3	y4
y1	0.00004719	0.00001972	-0.00001062	3.536504E-7
y2	0.00001972	0.00005424	0.00000857	0.00000295
y3	-0.00001062	0.00000857	0.00007303	0.00002345
y4	3.536504E-7	0.00000295	0.00002345	0.00001475

Criterios de información

AICC(Corregido AIC)	-41.0265
HQC(Critero Hannan-Quinn)	-40.7167
AIC(Criterio de información Akaike)	-41.1008
SBC(Criterio Schwarz Bayesian)	-40.1512

FPEC(Criterio de error de predicción final) 1.42E-18

Test de Portmanteau para correlaciones cruzadas residuales

Para retardo	Chi-cuadrado	DF	Prob> ChiSq
3	15.42	16	0.4941
4	41.27	32	0.1264

Comprobación del diagnóstico del modelo univariante

Variable	R-cuadrado	StdDev	F-valor	Prob>F
y1	0.8149	0.0069	48.97	<.0001
y2	0.6352	0.0074	19.37	<.0001
y3	0.3207	0.0085	5.25	<.0001
y4	0.9212	0.0038	130.14	<.0001

Comprobación del diagnóstico del modelo univariante

Variable	DW(1)	ChiSq de normalidad	Prob> ChiSq	Valor ARCH1 F	Prob>F
y1	2.00	0.92	0.6328	0.77	0.3836
y2	2.02	1.86	0.3941	0.30	0.5834
y3	1.89	1.51	0.4709	0.38	0.5416
y4	1.97	1.96	0.3753	0.07	0.7970

Comprobación del diagnóstico del modelo univariante

Variable	Valor AR1 F	Prob>F	Valor AR1-2 F	Prob>F	Valor AR1-3 F	Prob>F	Valor AR1-4 F	Prob>F
y1	0.00	0.9554	0.03	0.9735	0.29	0.8309	0.22	0.9274
y2	0.01	0.9217	0.27	0.7665	0.20	0.8966	0.12	0.9732
y3	0.24	0.6279	0.11	0.8935	0.59	0.6226	0.56	0.6937
y4	0.01	0.9388	0.28	0.7538	0.38	0.7698	0.97	0.4265

La salida para el resto de los contrastes de cointegración es similar. Como, según la prueba del rango de cointegración, el ***rango de cointegración es 3***, ajustamos un ***modelo de vector de corrección del error*** VECM(2) mediante la siguiente sintaxis:

```
  /* Fit VECM(2) with rank=3 */
proc varmax data=b;
  model y1-y4 / p=2 lagmax=4 print=(roots iarr)
                ecm=(rank=3 normalize=y1);
run;
```

La salida es la siguiente:

Procedimiento VARMAX

Número de observaciones	100
Número de emparejamientos ausentes	0

Variable	Tipo	N	Media	StdDev	Min	Máx
y1	DEP	100	0.01667	0.01517	-0.01525	0.05864
y2	DEP	100	0.00510	0.01173	-0.02163	0.03549
y3	DEP	100	0.00499	0.00990	-0.01792	0.02877
y4	DEP	100	-0.01054	0.01306	-0.03787	0.01907

Tipo de modelo	VECM(2)
Método de estimación	Maximum Likelihood Estimation
Rango cointegrado	3

Estimadores BETA del parámetro Long-Run para RANGO=3

Variable	Prueba 1	Prueba 2	Prueba 3
y1	1.00000	1.00000	1.00000
y2	-0.21634	-6.85119	-2.33410
y3	-0.90189	5.86963	-7.30207
y4	1.05823	-0.82124	-2.67590

Estimadores ALPHA del coeficiente
de ajuste para RANGO=3

Variable	Prueba 1	Prueba 2	Prueba 3
y1	-0.04780	0.04079	0.01514
y2	0.67211	0.11166	0.01239
y3	0.25926	-0.00824	0.06671
y4	-1.15840	0.00497	0.02444

Estimadores constantes

Variable	Constante
y1	-0.00093847
y2	-0.00239
y3	0.00029073
y4	0.00003929

Estimadores BETA * BETA' del parámetro ALPHA

Variable	y1	y2	y3	y4
y1	0.00813	-0.30443	0.17194	-0.12459
y2	0.79616	-0.93935	-0.04118	0.58640
y3	0.31773	-0.15532	-0.76935	0.10261
y4	-1.12899	0.15954	0.89545	-1.29533

Estimadores del coeficiente AR

DIF_ Retardo	Variable	y1	y2	y3	y4
1	y1	0.33736	-0.18503	0.04824	0.16525
	y2	-0.21620	0.22071	-0.02863	0.02386
	y3	-0.02389	0.05892	-0.29534	-0.07644
	y4	0.11094	0.01077	-0.11192	0.00456

Representación esquemática de
los estimadores de parámetros

Variable/ Retardo	C	AR1	AR2

```
y1        .  ****  ....
y2        -  ****  ....
y3        .  ****  ....
y4        .  ****  ....

   + es > 2*error std,  -
   is < -2*error std,  .
   está entre,  * es N/A
```

Estimadores del parámetro del modelo

Ecuación	Parámetro	Estimador	Error estándar	T Ratio	Prob>|T|	Variable
D_y1	CONST1	-0.00093847	0.00074849	-1.25	0.2132	1
	AR1_1_1	0.00813	0.32831	.	.	y1(t-1)
	AR1_1_2	-0.30443	0.12682	.	.	y2(t-1)
	AR1_1_3	0.17194	0.31979	.	.	y3(t-1)
	AR1_1_4	-0.12459	0.34848	.	.	y4(t-1)
	AR2_1_1	0.33736	0.36988	0.91	0.3642	D_y1(t-1)
	AR2_1_2	-0.18503	0.12265	-1.51	0.1350	D_y2(t-1)
	AR2_1_3	0.04824	0.22208	0.22	0.8285	D_y3(t-1)
	AR2_1_4	0.16525	0.11045	1.50	0.1381	D_y4(t-1)
D_y2	CONST2	-0.00239	0.00077616	-3.09	0.0027	1
	AR1_2_1	0.79616	0.34045	.	.	y1(t-1)
	AR1_2_2	-0.93935	0.13151	.	.	y2(t-1)
	AR1_2_3	-0.04118	0.33161	.	.	y3(t-1)
	AR1_2_4	0.58640	0.36136	.	.	y4(t-1)
	AR2_2_1	-0.21620	0.38355	-0.56	0.5744	D_y1(t-1)
	AR2_2_2	0.22071	0.12718	1.74	0.0861	D_y2(t-1)
	AR2_2_3	-0.02863	0.23029	-0.12	0.9013	D_y3(t-1)
	AR2_2_4	0.02386	0.11453	0.21	0.8355	D_y4(t-1)
D_y3	CONST3	0.00029073	0.00090782	0.32	0.7495	1
	AR1_3_1	0.31773	0.39820	.	.	y1(t-1)
	AR1_3_2	-0.15532	0.15382	.	.	y2(t-1)
	AR1_3_3	-0.76935	0.38787	.	.	y3(t-1)
	AR1_3_4	0.10261	0.42266	.	.	y4(t-1)
	AR2_3_1	-0.02389	0.44861	-0.05	0.9576	D_y1(t-1)
	AR2_3_2	0.05892	0.14876	0.40	0.6930	D_y2(t-1)
	AR2_3_3	-0.29534	0.26935	-1.10	0.2758	D_y3(t-1)
	AR2_3_4	-0.07644	0.13396	-0.57	0.5697	D_y4(t-1)
D_y4	CONST4	0.00003929	0.00040570	0.10	0.9231	1
	AR1_4_1	-1.12899	0.17795	.	.	y1(t-1)
	AR1_4_2	0.15954	0.06874	.	.	y2(t-1)
	AR1_4_3	0.89545	0.17333	.	.	y3(t-1)
	AR1_4_4	-1.29533	0.18888	.	.	y4(t-1)
	AR2_4_1	0.11094	0.20048	0.55	0.5814	D_y1(t-1)
	AR2_4_2	0.01077	0.06648	0.16	0.8717	D_y2(t-1)
	AR2_4_3	-0.11192	0.12037	-0.93	0.3550	D_y3(t-1)
	AR2_4_4	0.00456	0.05986	0.08	0.9394	D_y4(t-1)

Matriz de covarianza para la innovación

Variable	y1	y2	y3	y4
y1	0.00004581	0.00001783	-0.00001142	-1.20356E-7
y2	0.00001783	0.00004926	0.00000782	0.00000269
y3	-0.00001142	0.00000782	0.00006739	0.00002156
y4	-1.20356E-7	0.00000269	0.00002156	0.00001346

Criterios de información

AICC(Corregido AIC)	-41.0411
HQC(Critero Hannan-Quinn)	-40.7577
AIC(Criterio de información Akaike)	-41.0991
SBC(Criterio Schwarz Bayesian)	-40.2551
FPEC(Criterio de error de predicción final)	1.42E-18

Comprobación del diagnóstico del modelo univariante

Variable	R-cuadrado	StdDev	F-valor	Prob>F
y1	0.3450	0.0068	5.86	<.0001
y2	0.6428	0.0070	20.02	<.0001
y3	0.6285	0.0082	18.82	<.0001
y4	0.9357	0.0037	161.94	<.0001

Comprobación del diagnóstico del modelo univariante

Variable	DW(1)	ChiSq de normalidad	Prob> ChiSq	Valor ARCH1 F	Prob>F
y1	2.00	1.94	0.3793	0.30	0.5871
y2	2.02	1.85	0.3964	0.31	0.5806
y3	1.88	0.55	0.7580	0.26	0.6121
y4	1.98	1.79	0.4079	0.15	0.6962

Comprobación del diagnóstico del modelo univariante

Variable	Valor AR1 F	Prob>F	Valor AR1-2 F	Prob>F	Valor AR1-3 F	Prob>F	Valor AR1-4 F	Prob>F
y1	0.00	0.9633	0.14	0.8668	0.12	0.9495	0.20	0.9388
y2	0.01	0.9215	0.27	0.7647	0.20	0.8961	0.13	0.9731
y3	0.28	0.5964	0.14	0.8696	0.64	0.5885	0.60	0.6626
y4	0.00	0.9530	0.30	0.7407	0.38	0.7668	0.97	0.4282

Representacion AR de orden infinito

Retardo	Variable	y1	y2	y3	y4
1	y1	1.34549	-0.48946	0.22018	0.04066
	y2	0.57996	0.28136	-0.06981	0.61026
	y3	0.29383	-0.09640	-0.06470	0.02617
	y4	-1.01805	0.17030	0.78353	-0.29077
2	y1	-0.33736	0.18503	-0.04824	-0.16525
	y2	0.21620	-0.22071	0.02863	-0.02386
	y3	0.02389	-0.05892	0.29534	0.07644
	y4	-0.11094	-0.01077	0.11192	-0.00456
3	y1	0	0	0	0
	y2	0	0	0	0
	y3	0	0	0	0
	y4	0	0	0	0
4	y1	0	0	0	0
	y2	0	0	0	0
	y3	0	0	0	0
	y4	0	0	0	0

Raices del polinomio característico AR

Índice	Real	Imaginaria	Módulo	ATAN(I/R)	Grado
1	1.00000	0	1.0000	0	0
2	0.52379	0	0.5238	0	0

3	0.26975	0.37681	0.4634	0.9495	54.4022
4	0.26975	-0.37681	0.4634	-0.9495	-54.4022
5	-0.08358	0.24020	0.2543	1.9057	109.1869
6	-0.08358	-0.24020	0.2543	-1.9057	-109.1869
7	-0.31237	0.14960	0.3463	2.6949	154.4091
8	-0.31237	-0.14960	0.3463	-2.6949	-154.4091

Ejercicio 2-3. Consideremos una función de demanda de la gasolina en términos del gasto real per cápita en litros Y1 que viene definida en función del precio real por litro Y2, del ingreso real per cápita Y3 y de los litros consumidos por kilómetro Y4 mediante la siguiente ecuación:

$$Y_1 = kY_2^{\alpha} Y_3^{\beta} Y_4^{\gamma}$$

A partir de los datos contenidos en el archivo 4-3.wf1 relativos a las variables del modelo de demanda en logaritmos, se desea estimar dicho modelo realizando un ajuste que sea estable en el largo plazo. Enfocar el problema de la cointegración desde las ópticas univariante y multivariante.

La forma de la ecuación del modelo nos lleva a la aplicación de logaritmos, con lo que tenemos:

$$Y_1 = kY_2^{\alpha} Y_3^{\beta} Y_4^{\gamma} \Rightarrow \underbrace{\log(Y_1)}_{Y} = \underbrace{\log(k)}_{c} + \alpha \underbrace{\log(Y_2)}_{X2} + \beta \underbrace{\log(Y_3)}_{X3} + \gamma \underbrace{\log(Y_4)}_{X4}$$

Renombrando adecuadamente las variables el modelo queda como:

$$Y = c + \alpha X2 + \beta X3 + \gamma X4 + u$$

Para realizar un ajuste del modelo válido en el largo plazo (no espurio) será necesario que exista una relación de cointegración entre las variables del modelo. Para ello, en primer lugar, analizaremos la estacionariedad de todas las variables que lo integran. Para ello utilizamos el ***test de raíces unitarias de Phillips Perron***.

Para llevar a cabo este contraste desde Eviews elegimos *Quick → Series Statistics→ Unit Roots Tests* (Figura 2-24), rellenamos la pantalla *Series Name* con la variable *Y* (Figura 2-25) y al pulsar *OK* se obtiene la pantalla *Unit Root Tests* (Figura 2-26) en cuyo campo *Test Type* elegimos *Phillips-Perron* y en cuyo campo *Test for unit root in* elegimos *Level* ya que estamos probando la estacionariedad de la serie *Y* en niveles. Al pulsar *OK* se obtiene un p-valor mayor que 0,05 en los resultados del contraste de Phillips Perron (Figura 2-27), lo que indica ausencia de estacionariedad en la variable *Y*.

Los resultados del contraste de Phillips Perron para las variables *X2*, *X3* y *X4* se presentan en las Figuras 2-28, 2-29 y 2-30, observándose que todos los p-valores también son mayores que 0,05. Luego ***las cuatro series Y X2, X3 y X4 son no estacionarias***, lo que nos lleva a considerar sus primeras diferencias.

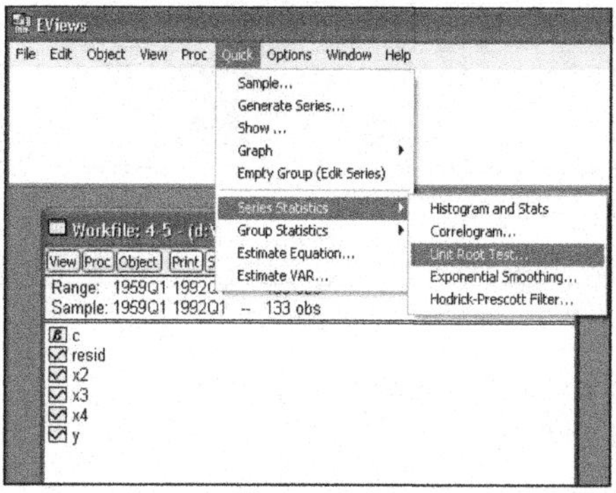

Figura 2-24

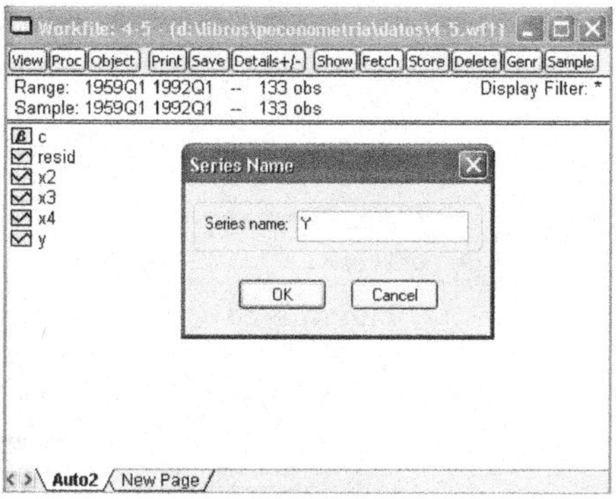

Figura 2-25

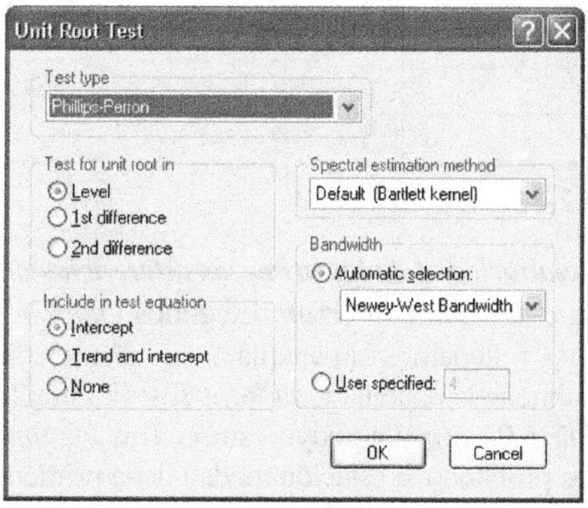

Figura 2-26

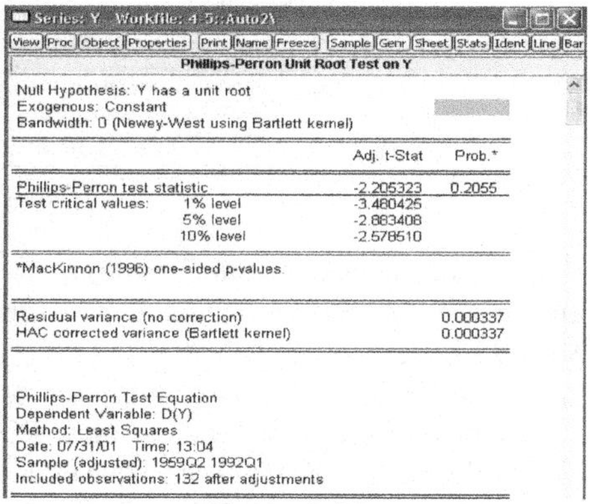

Figura 2-27

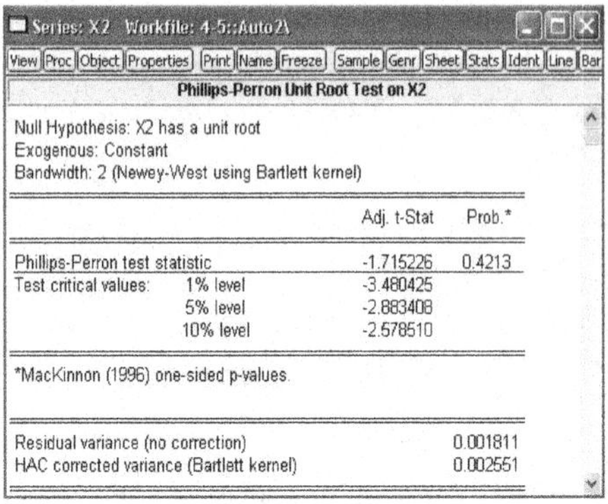

Figura 2-28

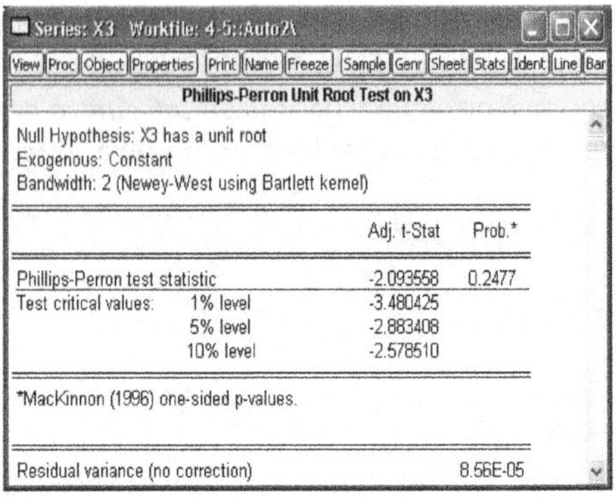

Figura 2-29

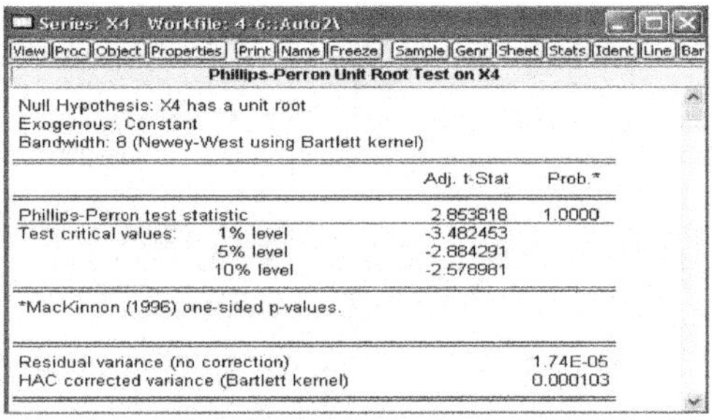

Figura 2-30

A continuación ***estudiaremos la estacionariedad de las primeras diferencias de las variables del modelo mediante el contraste de Phillips Perron***. Elegimos *Quick → Series Statistics→ Unit Root Test* (Figura 2-24), rellenamos la pantalla *Series Name* con la variable Y (Figura 2-25) y al pulsar *OK* se obtiene la pantalla *Unit Root Test* (Figura 2-31) en cuyo campo *Test Type* elegimos *Phillips-Perron* y en cuyo campo *Test for unit root in* elegimos *1st Difference* ya que estamos probando la estacionariedad de la primera diferencia de la serie. Al pulsar *OK* se obtiene un p-valor menor que 0,05 en los resultados del contraste de Phillips Perron (Figura 2-32), lo que indica estacionariedad en la primera diferencia de la variable *Y*. Los resultados del contraste de Phillips Perron para las variables *X2*, *X3* y *X4* se presentan en las Figuras 2-33, 2-34 y 2-35 observándose que todos los p-valores también son menores que 0,05. Luego ***las primeras diferencias de las tres series Y X2, X3 y X4 son estacionarias***.

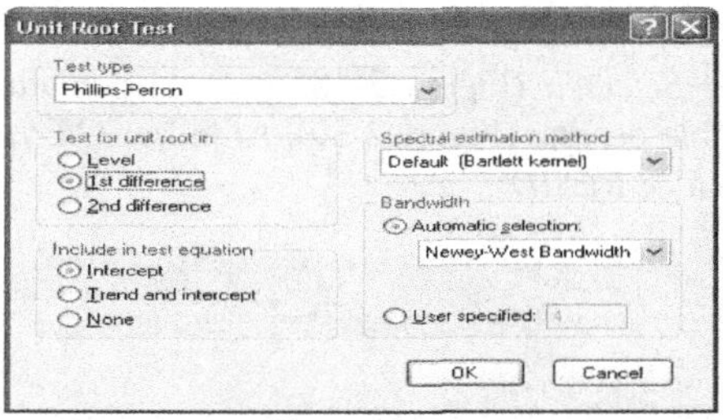

Figura 2-31

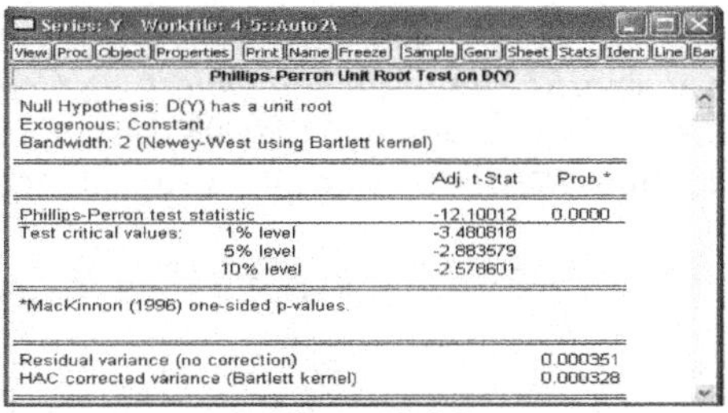

Figura 2-32

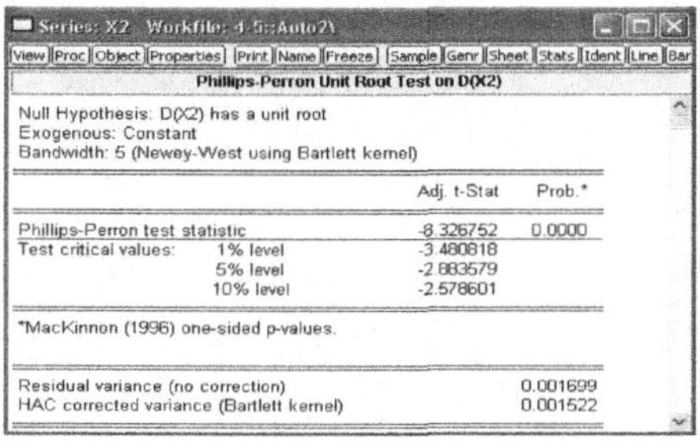

Figura 2-33

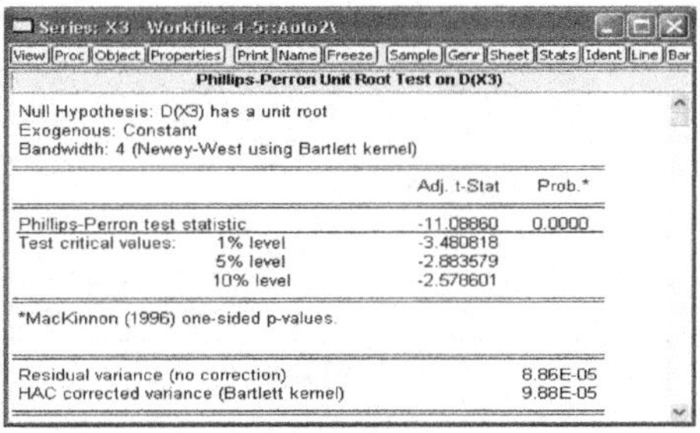

Figura 2-34

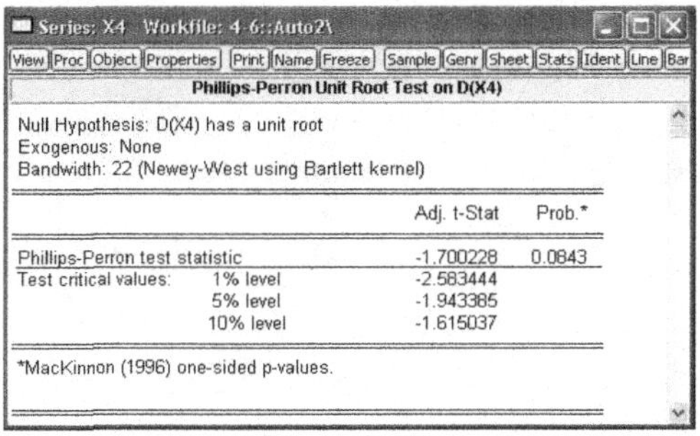

Figura 2-35

Hemos visto que las cuatro variables del modelo (en logaritmos) son no estacionarias, pero sí lo son sus primeras diferencias. Esto indica que ***las cuatro series son I(1).*** Por tanto, se cumple la primera condición para que exista una relación de cointegración. La siguiente tarea será ***comprobar que efectivamente las variables cointegran***. Para ello ajustamos el modelo $Y = \beta_0 + \beta_1 X2 + \beta_2 X3 + \beta_3 X4 + u$ y comprobamos si los residuos estimados tienen raíces unitarias (son estacionarios). Para ello usamos *Quick → Estimate Equation*, escribiendo la ecuación del modelo a ajustar en el campo *Equation Specification* de la solapa *Specification*, eligiendo *Least Squares* en el campo *Method* para ajustar por mínimos cuadrados (Figura 2-36) y haciendo clic en *Aceptar*. Se obtiene el modelo ajustado de las Figura 2-37. Para guardar los residuos estimados (variable *RESID*) con otro nombre, seleccionamos la variable *RESID*, elegimos *Object → Copy Selected* (Figura 2-38) y en la pantalla *Object Copy* elegimos *RESID*03 como variable destino (Figura 2-39). Al pulsar *OK* ya tenemos *RESID*03 como nueva variable copia de *RESID*.

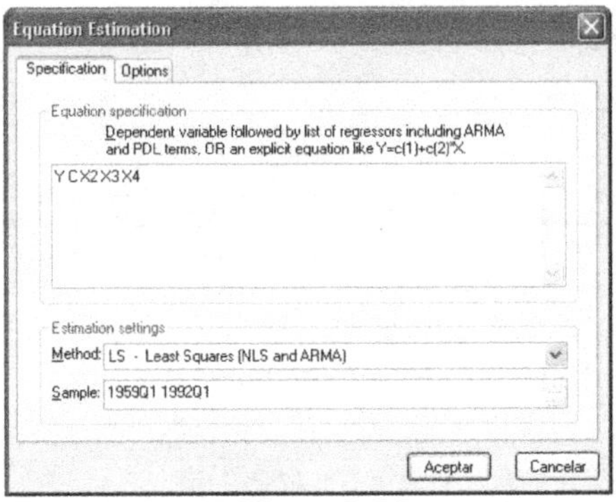

Figura 2-36

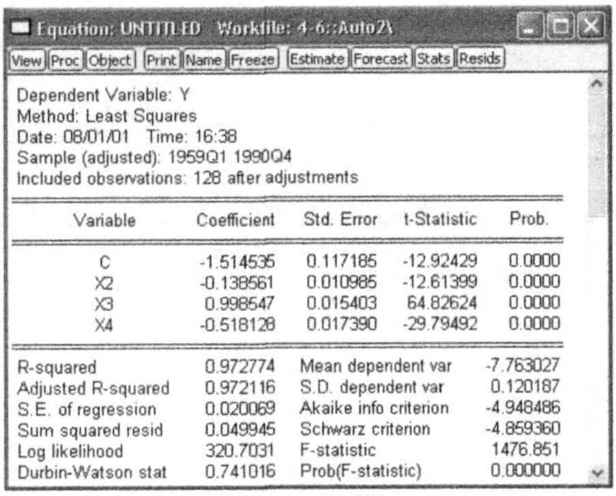

Figura 2-37

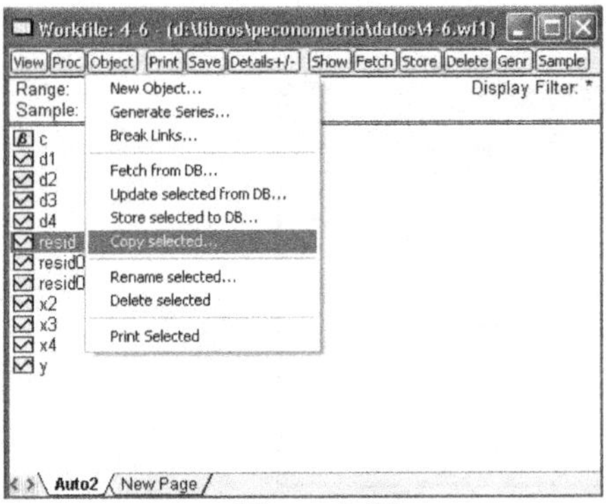

Figura 2-38

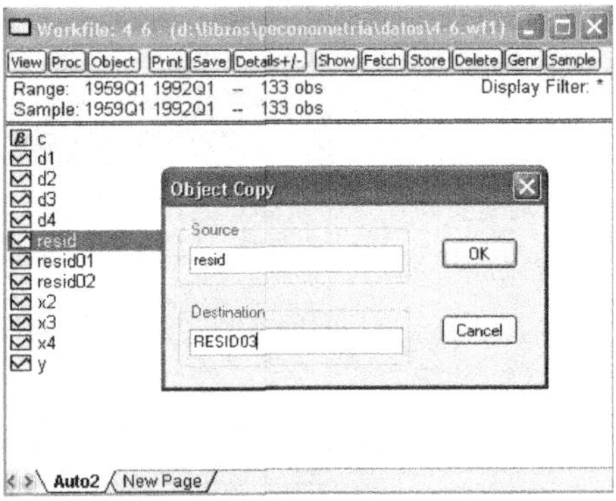

Figura 2-39

Para *comprobar que los residuos estimados del nuevo ajuste son estacionarios* elegimos *Quick → Series Statistics→ Unit Root Test*, rellenamos la pantalla *Series Name* con la variable *RESID*03 y al pulsar *OK* se obtiene la pantalla *Unit Root Test* (Figura 2-40) en cuyo campo *Test Type* elegimos Phillips-Perron y en cuyo campo *Test for unit root in* elegimos *Level* ya que estamos probando la estacionariedad de la serie *RESID*03 en niveles. Al pulsar *OK* se obtiene un p-valor menor que 0,05 en los resultados del contraste de Phillips Perron (Figura 2-41), lo que indica presencia de estacionariedad en los residuos del modelo. Llegamos entonces a la conclusión de que ***las variables del nuevo modelo cointegran y éste ya no es espurio***.

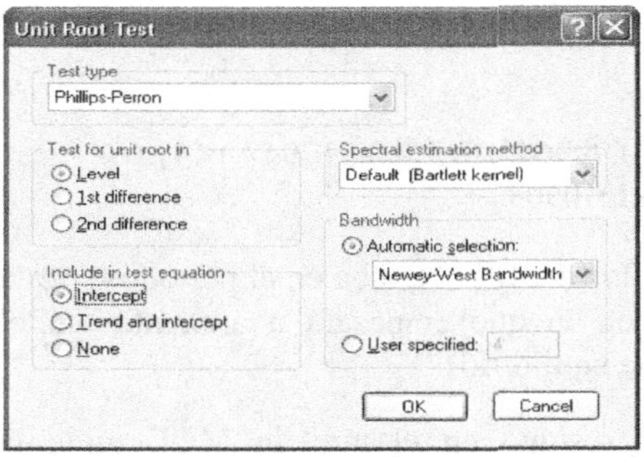

Figura 2-40

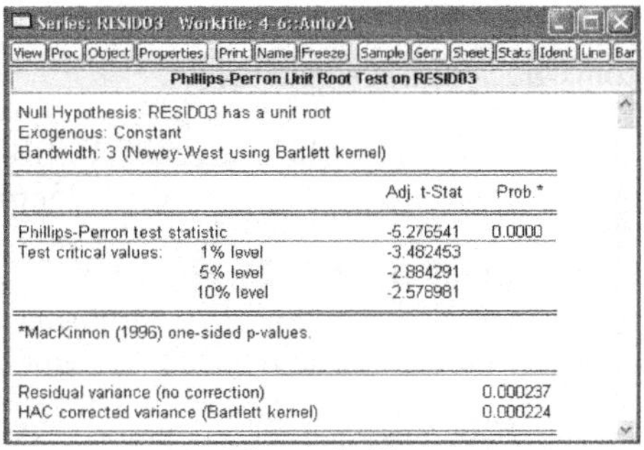

Figura 2-41

Además, si aplicamos la prueba DWRC de Durbin Watson de regresión de cointegración tenemos $d = 0{,}744 > 0{,}511$, con lo que se acepta la cointegración al 99% de confianza. La relación de cointegración estimada es:

$$Y = -1.514535299 - 0.138560632\,X2 + 0.9985472776\,X3 - 0.518128151\,X4 + u$$

Por otra parte, según los resultados del ajuste mostrados en la Figura 2-37, se observa una significatividad individual y conjunta de los parámetros estimados muy alta, así como un coeficiente de determinación muy bueno.

Asociado a esta relación de cointegración existirá un modelo de corrección del error MCE que tendrá la siguiente expresión:

$$\Delta Y_t = \beta_0 + \beta_1\,\Delta X2_t + \beta_2 \Delta X3_t + \beta_3 \Delta X4_t + \beta_4 \mathrm{RESID03}_{t-1} + u_t$$

Ajustamos este modelo MCE utilizando *Quick → Estimate Equation*, escribiendo la ecuación del modelo a ajustar en el campo *Equation Specification* de la solapa *Specification*, eligiendo *Least Squares* en el campo *Method* para ajustar por mínimos cuadrados (Figura 2-42) y haciendo clic en *Aceptar*. Se obtiene el modelo ajustado de la Figura 2-43.

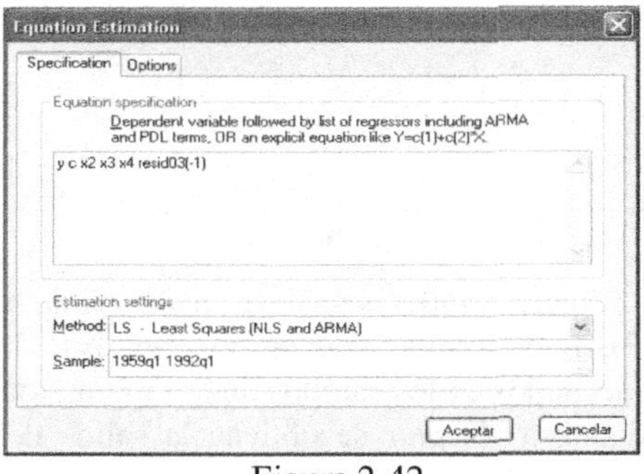

Figura 2-42

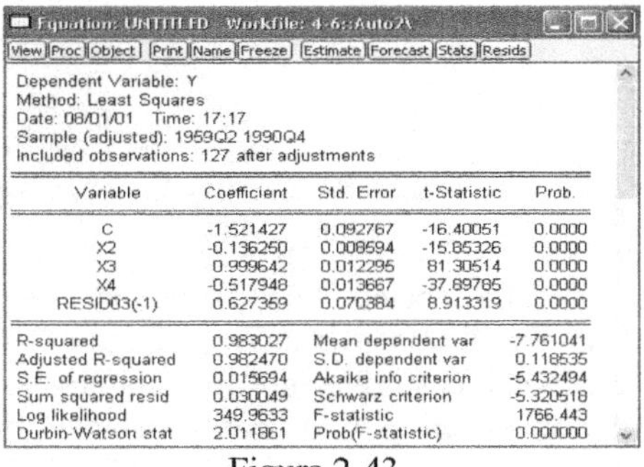

Figura 2-43

El ajuste del modelo de corrección del error MCE asociado a la relación de cointegración es el siguiente:

$$\Delta Y_t = -1.521427 - 0.13625\Delta X2_t + 0.999642\Delta X3_t - 0.517948\Delta X4_t + 0.6273586RESID03_{t-1}$$

Como $\beta_4 = 0,6273586$ es positivo, la variable Y estaba en el periodo t-1 está por debajo de su valor de equilibrio, con lo que empezará a aumentar en el siguiente periodo hasta restaurar el valor de equilibrio.

Sabemos que el coeficiente del residuo en el modelo MCE mide la velocidad de convergencia al equilibrio del modelo cointegrado en el largo plazo. Por tanto $\beta_4 = 0,62$ indica que la velocidad de convergencia al equilibrio del modelo cointegrado en el largo plazo es bastante aceptable. La estabilización de nuestro modelo en el tiempo es bastante rápida. La variable Y se ajusta rápidamente a los cambios a corto plazo experimentados en $X2$, $X3$ y $X4$.

A continuación plantearemos el problema de la cointegración en el contexto multivariante de los modelos VAR. Comenzamos estimando un modelo VAR para las variables del modelo con 4 retardos. Para ello elegimos *Quick→Estimate VAR* (Figura 2-44) y rellenamos la pantalla *VAR Specification* como se indica en la Figura 2-45. Al pulsar *Aceptar* se obtiene el modelo VAR estimado El programa ofrece los coeficientes estimados, su error estándar y el estadistico *t* de student.

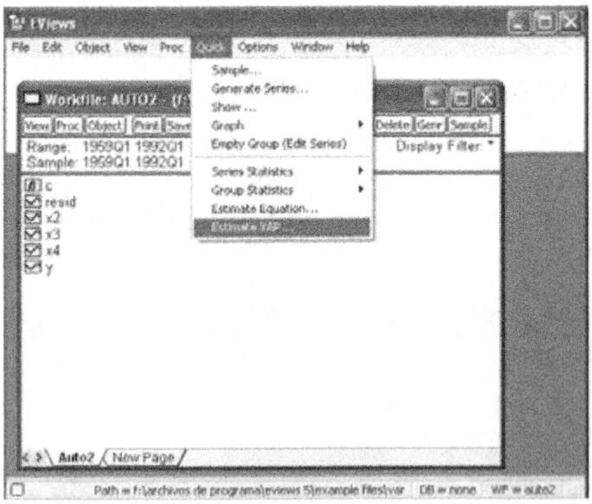

Figura 2-44

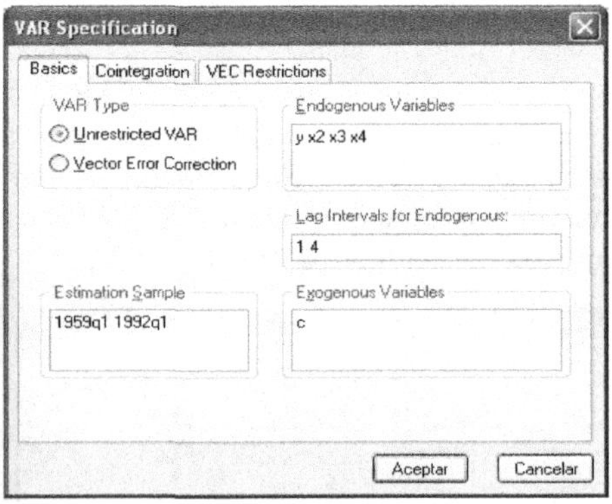

Figura 2-45

La opción *View→Cointegration* (Figura 2-46) nos lleva a la pantalla *Johansen Cointegraton Test* (Figura 2-47), que permite realizar el contraste de Johansen una vez elegidos los parámetros adecuados en los campos de la Figura 2-47 (4 retardos en el VAR con constante). Al pulsar *Aceptar* se obtiene la salida del contraste de Johansen (Figuras 2-48 y 2-49).

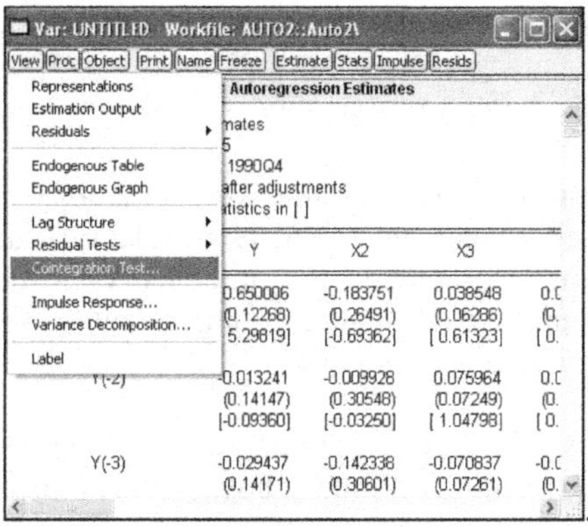

Figura 2-46

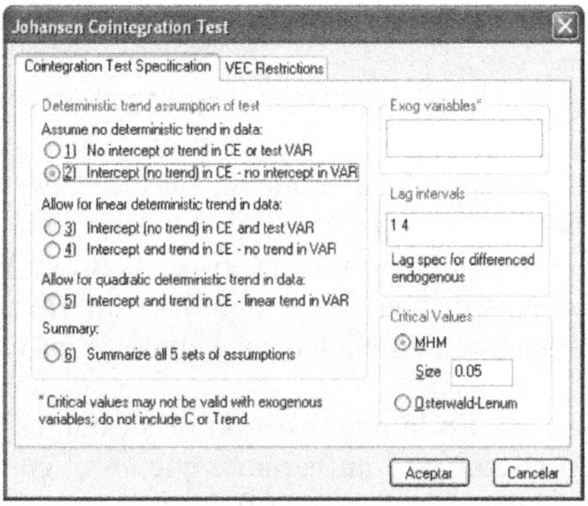

Figura 2-47

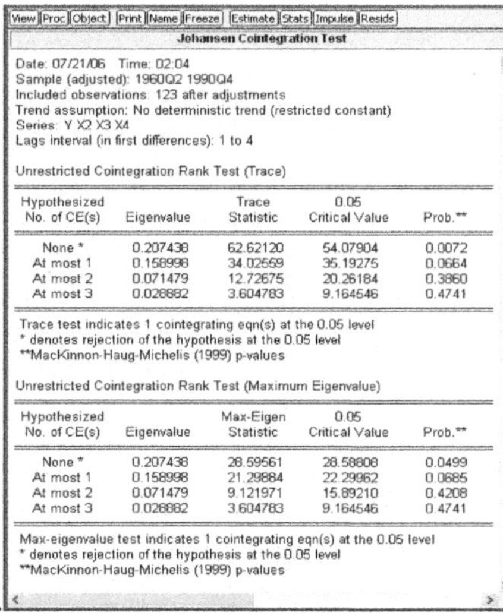

Figura 2-48

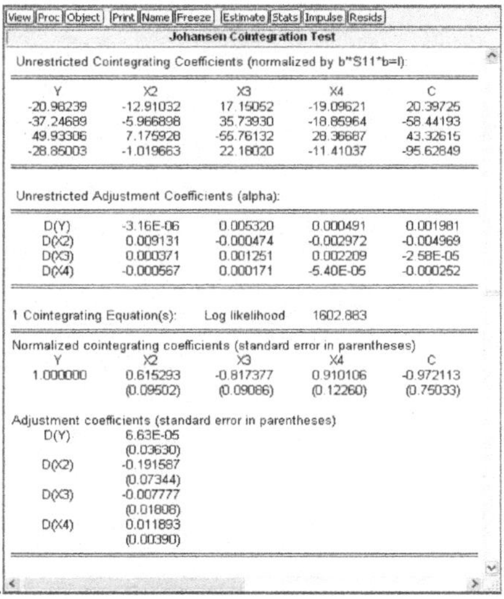

Figura 2-49

En la Figura 2-48 se observan el test de la traza y el test del máximo autovalor. El p-valor de la primera línea del contraste del máximo autovalor indica claramente el rechazo de la hipótesis nula de que no existe relación de cointegración al 99% de confianza. La segunda línea tiene un p-valor muy alto, lo que indica que existe como máximo un vector de cointegración, por tanto el análisis finaliza con la aceptación de la existencia de una única relación de cointegración entre las variables. Los mismos resultados se obtienen considerando el test de la traza. La Figura 2-49 muestra la ecuación de cointegración de Johansen con los coeficientes normalizados y los errores estándar de los parámetros estimados.

La relación de cointegración estimada es:

$$Y = 0{,}972113 - 0.615293\,X2 + 0.817377\,X3 - 0.910106\,X4 + u$$

Se observa que las elasticidades estimadas (los parámetros estimados son elasticidades porque el modelo está en logaritmos) en esta relación de cointegración obtenida en el contexto multivariante de los modelos VAR no coinciden con las obtenidas anteriormente en el contexto univariante. Sin embargo sí coinciden sus signos de las elasticidades estimadas.

En la práctica, son más estables las relaciones de cointegración obtenidas en el contexto univariante que en el contexto multivariante y hoy en día se usan más debido a la menor fiabilidad de las relaciones derivadas del test de Johansen.

Capítulo 3

MODELOS Y SISTEMAS NO LINEALES. REGRESIÓN PARTICIONADA Y SEGMENTADA

3.1 MODELOS NO LINEALES

Es habitual en el mundo científico identificar relaciones entre variables, pero no identificar la naturaleza de dicha relación. Está claro que distintas variables se relacionan entre sí, pero lo que no está claro es la forma funcional de dichas relaciones. Por tanto, se suele especificar el modelo de la forma:

$$y_t = f(x_t, \beta) + u_t \qquad t = 1, \cdots, T$$

donde $f(x_t, \beta)$ es, en general, una función no lineal de las componentes de los vectores x_t, β. Como caso particular, el modelo lineal aparece cuando $f(x_t, \beta) = x'\beta$.

3.2 MODELOS NO LINEALES SENCILLOS

Suelen utilizarse habitualmente los siguientes tipos de modelos no lineales:

$$y_t = f(x_t, \beta) = \beta_1 + \beta_2 x_t^{\beta_3} + u_t\,.$$
$$y_t = f(x_t, \beta) = \beta_1 + (Ln\beta_2)x_t + u_t\,.$$
$$y_t = f(x_t, \beta) = \beta_1 + \beta_2 e^{\beta_3} x_t + u_t\,.$$

$$y_t = f(x_t, \beta) = \beta_1 + \beta_2 e^{x_{2t}} + \beta_3 x_{3t} x_{4t} + u_t .$$

$$y_t x_t + \beta_1 Lny_t = \beta_2 x_t + u_t .$$

Los modelos anteriores, salvo el último pueden tratarse como modelos lineales o polinómicos mediante transformaciones adecuadas. Por ejemplo, el cuarto modelo se trata como lineal mediante las transformaciones $z_{2t} = e^{x_{2t}}$ y $z_{3t} = x_{3t} x_{4t}$.

El último de los modelos, en el que la no linealidad afecta a la variable endógena, haciendo imposible expresarla en función de las exógenas, constituye los modelos de función implícita, cuya forma funcional general es:

$$g(y_t, x_t, \beta) = u_t \qquad t = 1, \cdots, T$$

Evidentemente, el modelo, $y_t = f(x_t, \beta) + u_t$ es un caso particular del modelo de función implícita.

3.3 MÍNIMOS CUADRADOS NO LINEALES. ALGORITMOS DE NEWTON Y MARQUARDT

El planteamiento general del método de los mínimos cuadrados para el modelo $y_t = f(x_t, \beta) + u_t$ no depende de la linealidad de la función *f*. Sin embargo, la resolución analítica del problema de estimación se complica ante las no linealidades.

El problema de los mínimos cuadrados es hallar los valores del vector β que minimicen la suma residual:

$$SR(\hat{\beta}) = \sum_{t=1}^{T} \left(y_t - f(x_t, \hat{\beta})\right)^2$$

Derivando respecto a cada componente del vector $\hat{\beta}$ e igualando a cero se tiene el sistema de ecuaciones normales siguiente:

$$\frac{\partial SR(\hat{\beta})}{\partial \hat{\beta}_1} = -2 \sum_{t=1}^{T} \left(y_t - f(x_t, \hat{\beta})\right) \frac{\partial (f_t)}{\partial \hat{\beta}_1} = 0$$

....

$$\frac{\partial SR(\hat{\beta})}{\partial \hat{\beta}_k} = -2 \sum_{t=1}^{T} \left(y_t - f(x_t, \hat{\beta})\right) \frac{\partial (f_t)}{\partial \hat{\beta}_k} = 0$$

La derivada parcial $\frac{\partial(f_t)}{\partial\hat{\beta}_i}$ es un escalar para cada i = 1,...,k y para cada periodo t = 1,...,T y lo mismo ocurre con la diferencia $y_t - f(x_t,\hat{\beta})$ para cada t = 1,...,T. Las k ecuaciones anteriores constituyen un sistema de ecuaciones normales totalmente análogo al que se obtiene en los modelos lineales, que puede expresarse abreviadamente como:

$$\sum_{t=1}^{T}\left(y_t - f(x_t,\hat{\beta})\right)\frac{\partial(f_t)}{\partial\hat{\beta}} = 0_k$$

o matricialmente como:

$$\left(\frac{\partial f(\hat{\beta})}{\partial\beta}\right)' y = \left(\frac{\partial f(\hat{\beta})}{\partial\beta}\right)' f(X,\hat{\beta})$$

El caso lineal es el caso particular en que $\frac{\partial f(\hat{\beta})}{\partial\beta}$=$X$ y $f(X,\hat{\beta})$= $X\hat{\beta}$. La ecuación anterior se transformaría en $X'y = (X'X)\hat{\beta} \Rightarrow \hat{\beta} = (X'X)^{-1}X'y$, que es la estimación habitual del parámetro en el modelo lineal por mínimos cuadrados ordinarios MCO.

Al igual que en el caso lineal, para el caso no lineal se define el residuo $\hat{u}_t$ como la diferencia $y_t - f(x_t,\hat{\beta})$, con lo que las ecuaciones normales pueden escribirse como:

$$\sum_{t=1}^{T}\frac{\partial f_t(\hat{\beta})}{\partial\hat{\beta}_i}\hat{u}_t = 0 \qquad i = 1,\cdots,k$$

o en forma matricial:

$$\left(\frac{\partial f(\hat{\beta})}{\partial\beta}\right)' \hat{u} = 0_k$$

expresión que equivale a la ortogonalidad entre los residuos y las variables explicativas cuando el modelo es lineal.

Podemos decir que el estimador de mínimos cuadrados del modelo:

$$y_t = f(x_t, \beta) + u_t \qquad t = 1, \cdots, T$$

es el vector de residuos ortogonal a cada una de las componentes del vector gradiente de la función $f(x_t, \beta)$ evaluado en $\hat{\beta}$.

Los problemas prácticos en el caso de no linealidad aparecen cuando el sistema no lineal de ecuaciones normales no tiene solución o no la tiene única o es muy difícil de calcular (en cuyo caso se usan algoritmos iterativos como el de Newton, Marquardt y otros). Además, el estimador obtenido puede no ser insesgado.

Para tamaños muestrales grandes, el estimador de mínimos cuadrados no lineal tiene una distribución normal con esperanza β y matriz de varianzas covarianzas:

$$V(\hat{\beta}) = \sigma_u^2 \left[\sum_{t=1}^{T} \left(\frac{\partial f(x_t, \hat{\beta})}{\partial \beta} \right) \left(\frac{\partial f(x_t, \hat{\beta})}{\partial \beta} \right)' \right]^{-1}$$

donde el parámetro σ_u^2 se estima mediante $\hat{\sigma}_u^2 = \frac{\hat{u}'\hat{u}}{T-k}$ con $\hat{u} = y - f(X, \hat{\beta})$

3.4 REGRESIÓN PARTICIONADA

Supongamos que se pretende estimar el modelo:

$$\mathbf{y} = \mathbf{X}\boldsymbol{\beta} + \mathbf{Z}\boldsymbol{\delta} + \mathbf{u}$$

Las ecuaciones normales son:

$$\begin{cases} (\mathbf{X}'\mathbf{X})\hat{\boldsymbol{\beta}} + (\mathbf{X}'\mathbf{Z})\hat{\boldsymbol{\delta}} = \mathbf{X}'\mathbf{y} \\ (\mathbf{Z}'\mathbf{X})\hat{\boldsymbol{\beta}} + (\mathbf{Z}'\mathbf{Z})\hat{\boldsymbol{\delta}} = \mathbf{Z}'\mathbf{y} \end{cases}$$

Lo que implica:

$$\hat{\boldsymbol{\delta}} = (\mathbf{Z}'\mathbf{Z})^{-1}\mathbf{Z}'(\mathbf{y} - \mathbf{X}\hat{\boldsymbol{\beta}})$$

Y también:

$$\mathbf{X'y} = (\mathbf{X'X})\hat{\boldsymbol{\beta}} + (\mathbf{X'Z})(\mathbf{Z'Z})^{-1}(\mathbf{y} - \mathbf{X}\hat{\boldsymbol{\beta}})$$

Por lo que:

$$\mathbf{X'M_z y} = (\mathbf{X'M_z X})\hat{\boldsymbol{\beta}}$$

Donde la matriz $\mathbf{M_z}$ viene definida por:

$$\mathbf{M_z} = \mathbf{I} - \mathbf{Z}(\mathbf{Z'Z^{-1}})\mathbf{Z'}$$

Supongamos, alternativamente, que para estimar el modelo se pretende seguir la estrategia de "descontar" de las variables **y** y **X** el efecto común que puedan tener de las variables **Z**, para después estimar un modelo de la variable **y** "neta de **Z**" sobre las variables **X** "netas de **Z**".

Al estimar regresiones de **y** y **X** sobre **Z**, los residuos tenemos:

$$\mathbf{y^*} = \mathbf{M_z y}$$
$$\mathbf{X^*} = \mathbf{M_z X}$$

Y la regresión de **y*** sobre $\mathbf{X^*}$: $\mathbf{y^*} = \boldsymbol{\theta}\mathbf{X^*} + \mathbf{v}$ genera los estimadores MCO:

$$\hat{\boldsymbol{\theta}} = (\mathbf{X^{*\prime}X^*})^{-1}\mathbf{X^{*\prime}y^*} = (\mathbf{X'M_z X})^{-1}\mathbf{X'M_z y}$$

3.5 REGRESIÓN POR TRAMOS O SEGMENTADA

Supongamos un modelo lineal con variable dependiente Y y con variable explicativa X. Supongamos que la relación que liga a Y y a X no es la misma para valores menores que un valor X^* de X que para valores de X superiores a X^*.

En este caso habrá que considerar dos tramos de la variable X ($X<X^*$ y $X>X^*$). Esta regresión se abordará considerando la variable ficticia D que vale 0 para valores de X menores que X^* y que vale uno en caso contrario. La ecuación del modelo a ajustar será la siguiente:

$$Y_t = \alpha_1 + \alpha_2 X_t + \alpha_3 (X_t - X^*)D_t + u_t$$

$$D_t = \begin{cases} 1 \; si \; X_t > X^* \\ 0 \; en \; el \; resto \end{cases}$$

Suponiendo $E(u_t) = 0$, se tiene que:

$E(Y_t \mid D_t = 0, X_t, X^*) = \alpha_1 + \alpha_2 X_t$
$E(Y_t \mid D_t = 1, X_t, X^*) = \alpha_1 - \alpha_3 X^* + (\alpha_2 + \alpha_3) X_t$

Se observa que α_2 corresponde a la pendiente de la recta de regresión en el primer tramo ($X<X^*$) y $\alpha_2+\alpha_3$ es la pendiente de la recta de regresión en el segundo tramo ($X>X^*$).

3.6 SPSS Y LA ESTIMACIÓN NO LINEAL Y SEGMENTADA

SPSS dispone de procedimientos para ajustar modelos no lineales. Si el modelo no lineal a ajustar es polinómico, SPSS utiliza el procedimiento *Estimación curvilínea*, pero si el modelo no lineal está definido por una ecuación más complicada, SPSS utiliza el procedimiento *Regresión no lineal.*

Estimación curvilínea con SPSS

Este procedimiento de SPSS puede utilizarse para ajustar modelos no lineales, fácilmente reducibles en lineales mediante transformaciones adecuadas. Se puede seleccionar uno o más modelos de estimación curvilínea por regresión. Para determinar qué modelo utilizar, represente previamente los datos. Si las variables parecen estar relacionadas linealmente, utilice un modelo de regresión lineal simple. Cuando las variables no estén relacionadas linealmente, intente transformar los datos. Cuando la transformación no resulte útil, puede necesitar un modelo más complicado. Inspeccione el diagrama de dispersión de los datos y si el diagrama se parece a una función matemática reconocible, ajuste los datos a ese tipo de modelo. Por ejemplo, si los datos se parecen a una función exponencial, utilice un modelo exponencial. El procedimiento *Estimación curvilínea* contempla los siguientes modelos:

- *Lineal*: modelo cuya ecuación es $Y = b_0 + b_1\, t$. Los valores de la serie se modelan como una función lineal del tiempo.
- *Logarítmico*: modelo cuya ecuación es $Y = b_0 + (b_1\, ln(t))$.
- *Inverso*: modelo cuya ecuación es $Y = b_0 + (b_1 / t)$.
- *Cuadrático*: modelo cuya ecuación es $Y = b_0 + (b_1\, t) + (b_2\, t^2)$. El modelo cuadrático puede utilizarse para modelar una serie que "despega" o una serie que se amortigua.
- *Cúbico*: modelo definido por la ecuación $Y = b_0 + (b_1\, t) + (b_2\, t^2) + (b_3\, t^3)$.
- *Potencial*: modelo cuya ecuación es $Y = b_0\, (t^{b1})$ ó $ln(Y) = ln(b_0) + (b_1\, ln(t))$.

- *Compuesto*: modelo cuya ecuación es $Y = b_0 (b_1^t)$ ó $ln(Y) = ln(b_0) + (ln(b_1)\, t)$.
- *Curva-S*: modelo cuya ecuación es $Y = e^{b0 + (b1)/t}$ ó $ln(Y) = b_0 + (b_1/t)$.
- *Logístico*: modelo cuya ecuación es $Y = 1 / (1/u + (b_0 (b_1^t)))$ ó $ln(1/y - 1/u) = ln(b_0) + (ln(b_1)t)$ donde u es el valor del límite superior. Tras seleccionar *Logístico*, especifique un valor para el límite superior que se utilizará en la ecuación de regresión. El valor debe ser un número positivo mayor que el valor máximo de la variable dependiente.
- *Crecimiento*: modelo cuya ecuación es $Y = e^{b0 + (b1)\, t}$ ó $ln(Y) = b_0 + (b_1\, t)$.
- *Exponencial*: modelo cuya ecuación es $Y = b_0\, e^{(b1)\, t}$ ó $ln(Y) = ln(b_0) + (b_1\, t)$.

El procedimiento *Estimación Curvilínea* genera estadísticos de estimación por regresión (coeficientes de regresión, R múltiple, R cuadrado, R cuadrado corregido, error típico de la estimación, tabla de análisis de la varianza, valores pronosticados, residuos e intervalos de pronóstico) y gráficos relacionados. También se pueden guardar valores pronosticados, residuos e intervalos pronosticados como nuevas variables.

Como ejemplo, a partir del archivo *coches.sav*, buscamos el mejor ajuste polinómico para el modelo que explique el peso de los automóviles (*peso*) en función de su cilindrada (*motor*). Para ello elegimos *Analizar → Regresión → Estimación curvilínea* (Figura 3-1) y rellenamos la pantalla de entrada como se indica en la Figura 3-2. En el campo *Modelo* señalamos *Lineal, Cuadrático* y *Cúbico* para probar el ajuste de los tres tipos de modelo polinomial. También señalamos *Incluir constante en la ecuación* y *Representar los modelos* (para obtener una idea del más adecuado). Con el botón *Guardar* se almacenan los valores pronosticados y los residuos (Figura 3-3). Si introducimos varias variables dependientes, por cada una de ellas se ajusta un modelo distinto.

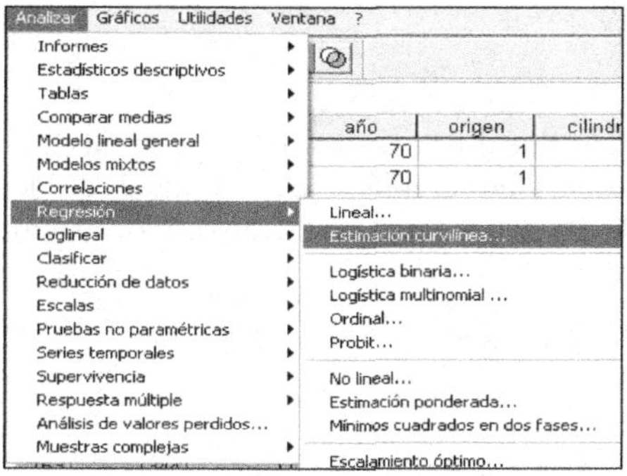

Figura 3-1

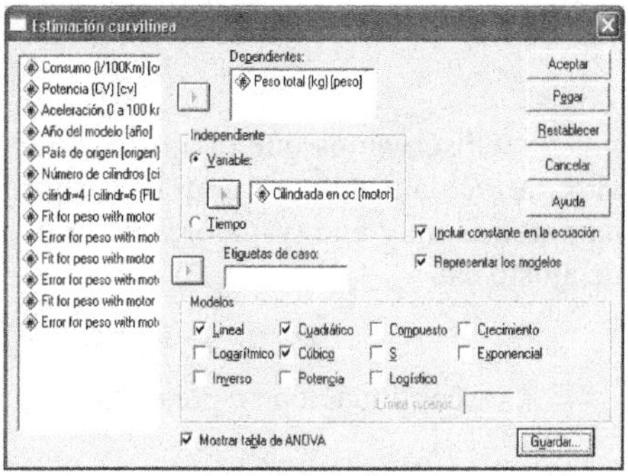

Figura 3-2

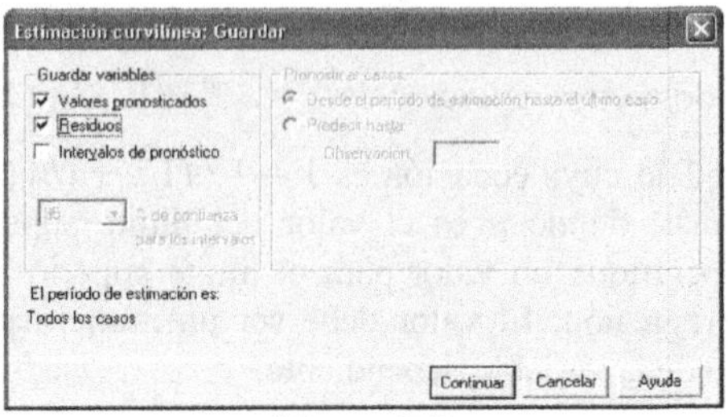

Figura 3-3

Al pulsar *Continuar* y *Aceptar* se obtienen como salida del procedimiento el ajuste simultáneo de los tres modelos polinomiales.

```
Dependent variable.. peso                    Method.. LINEAR

Listwise Deletion of Missing Data

Multiple R              ,93334
R Square                ,87112
Adjusted R Square       ,87080
Standard Error       101,82259

            Analysis of Variance:

                DF    Sum of Squares        Mean Square

Regression       1        28311002,1         28311002,1
Residuals      404         4188607,3            10367,8

F =      2730,65578        Signif F =    ,0000

-------------------- Variables in the Equation --------------------

Variable                      B          SE B          Beta          T  Sig T

motor                   ,153359       ,002935      ,933337     52,256  ,0000
(Constant)           501,871088     10,612241                  47,292  ,0000
```

Observamos que el ajuste al modelo lineal es bastante bueno con un valor alto de R^2 ajustado y con una significatividad conjunta e individual de los parámetros muy alta (p-valores de la F y de la T prácticamente nulos). La ecuación de ajuste es:

$$peso = 501,87 + 0,153\ motor$$

A continuación se presenta el ajuste del modelo cuadrático.

```
Dependent variable.. peso                    Method.. QUADRATI
Listwise Deletion of Missing Data
```

```
Multiple R              ,94027
R Square                ,88410
Adjusted R Square       ,88353
Standard Error        96,67727
            Analysis of Variance:

                  DF    Sum of Squares       Mean Square

Regression         2        28732972,5        14366486,2
Residuals        403         3766637,0            9346,5

F =     1537,09901         Signif F =   ,0000

-------------------- Variables in the Equation --------------------

Variable                     B           SE B         Beta           T  Sig T

motor                  ,249504       ,014578     1,518472      17,115  ,0000
motor**2-1,273978967127E-05    1,8960E-06    -,596127      -6,719  ,0000
(Constant)          362,735736     23,028515                  15,752  ,0000
```

Observamos que el ajuste al modelo cuadrático es muy bueno con un valor alto de R^2 ajustado que mejora el del ajuste lineal y con una significatividad conjunta e individual de los parámetros muy alta (p-valores de la *F* y de la *T* prácticamente nulos). La ecuación de ajuste es ahora:

$$peso = 362{,}37 + 0{,}249\ motor\ - 0{,}0000127\ motor^2$$

A continuación se presenta el ajuste del modelo cúbico:

```
Dependent variable.. peso                  Method.. CUBIC
Listwise Deletion of Missing Data

Multiple R              ,94059
R Square                ,88471
Adjusted R Square       ,88385
Standard Error        96,54356

            Analysis of Variance:

                  DF    Sum of Squares       Mean Square

Regression         3        28752704,5         9584234,8
Residuals        402         3746904,9            9320,7

F =     1028,27866         Signif F =   ,0000
-------------------- Variables in the Equation --------------------

Variable                     B           SE B         Beta           T  Sig T

motor                  ,313853       ,046561     1,910098       6,741  ,0000
motor**2-3,085609999546E-05    1,2594E-05   -1,443834      -2,450  ,0147
motor**3 1,501697217891E-09    1,0321E-09     ,469957           .      .
(Constant)          298,966924     49,494313                   6,040  ,0000
```

Observamos que el ajuste al modelo cúbico también es bueno con un valor alto de R^2 ajustado que mejora el del ajuste lineal e iguala al cuadrático y con una significatividad conjunta e individual de los parámetros alta (p-valores de la F y de la T prácticamente nulos salvo el de $motor^2$). La significatividad es algo menor que en el caso cuadrático. La ecuación de ajuste es ahora:

$$peso = 298{,}96 + 0{,}313\ motor\ - 0{,}0000308\ motor^2\ + 0{,}0000000015\ motor^3$$

Según los datos de los ajustes, nos quedaríamos con el modelo cuadrático, elección que ratifica el gráfico de las variables de la Figura 3-4.

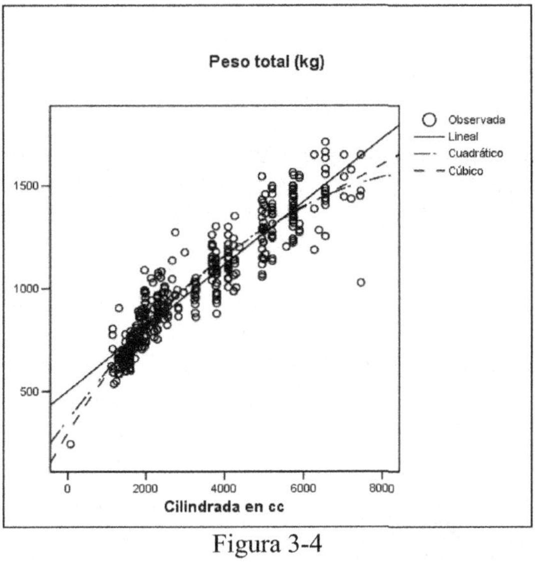

Figura 3-4

Estimación no lineal general y segmentada con SPSS

Cuando el modelo no lineal que relaciona las variables es más general, es decir, tiene otros términos adicionales a los polinómicos, SPSS utiliza para su estimación el procedimiento *Regresión no lineal*, que realiza el ajuste por mínimos cuadrados no lineales utilizando algoritmos iterativos para hallar la solución. Como ejemplo, a partir del fichero *coches.sav*, ajustamos un modelo que relacione el *consumo* con el cuadrado de la aceleración (*acel*), el cubo de la potencia (*cv*) y el logaritmo de la cilindrada (*motor*).

Para realizar la regresión no lineal, elija en los menús Analizar → Regresión → No lineal (Figura 3-5) y seleccione la variable numérica dependiente consumo de la lista de variables del archivo de datos de trabajo (Figura 3-6). Para construir una expresión para el modelo, introduzca la expresión en el campo Expresión del modelo o bien pegue en el campo los componentes (variables, parámetros, funciones). Identifique Nombre y Valor inicial de cada uno de los parámetros de la expresión del modelo pulsando en Parámetros y haga ***clic*** en Añadir para ir definiendo los parámetros (Figura 3-7). En el botón Pérdida elija la función de pérdida en regresión no lineal (Figura 3-8), es decir, la función que es minimizada por el algoritmo. Seleccione Suma de los residuos al cuadrado para minimizar la suma de los residuos al cuadrado o bien Función de pérdida definida por el usuario para minimizar una función diferente.

El botón Restricciones permite introducir restricciones en las variables del modelo (Figura 3-9). Una restricción es una limitación sobre los valores permitidos para un parámetro durante la búsqueda iterativa de una solución.

El cuadro de diálogo del botón *Opciones* (Figura 3-10) permite elegir *Estimaciones bootstrap del error típico* (requiere la utilización del algoritmo de programación cuadrática secuencial), el *Método de estimación* (*Programación cuadrática secuencial o Levenberg-Marquardt*). El método *Programación cuadrática secuencial* permite especificar nuevos valores para *Nº máximo de iteraciones* y *Límite para los pasos* y puede cambiar la selección que se encuentra en las listas desplegables para *Tolerancia de optimalidad*, *Precisión de la función* y *Tamaño para pasos infinitos*. El método de *Levenberg-Marquardt* permite especificar *Nº máximo de iteraciones* y es posible cambiar la selección de las listas desplegables para *Convergencia de la suma de cuadrados* y *Convergencia en los parámetros*. Puede guardar una serie de variables nuevas en el archivo de datos activo mediante el botón *Guardar* (Figura 3-11). Las opciones disponibles son: *Valores pronosticados, Residuos, Derivadas* y *Valores de la función de pérdida*. Estas variables se pueden utilizar en análisis subsiguientes para contrastar el ajuste del modelo o para identificar casos problemáticos.

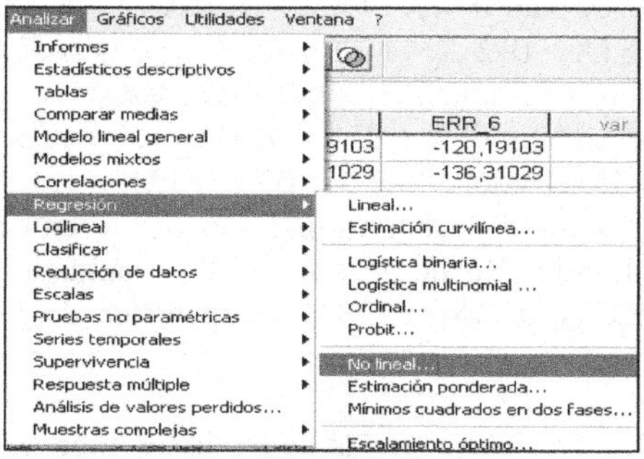

Figura 3-5

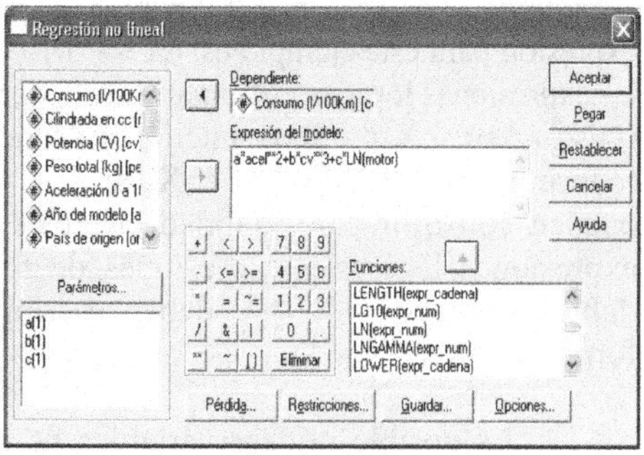

Figura 3-6

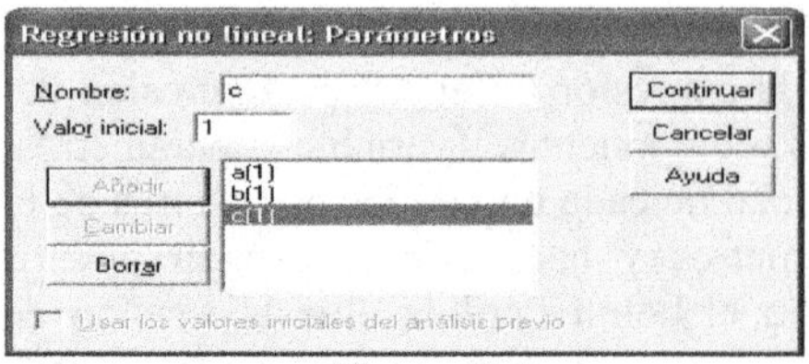

Figura 3-7

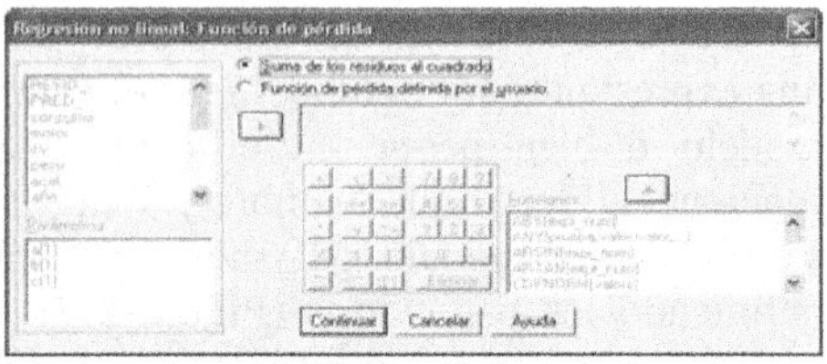

Figura 3-8

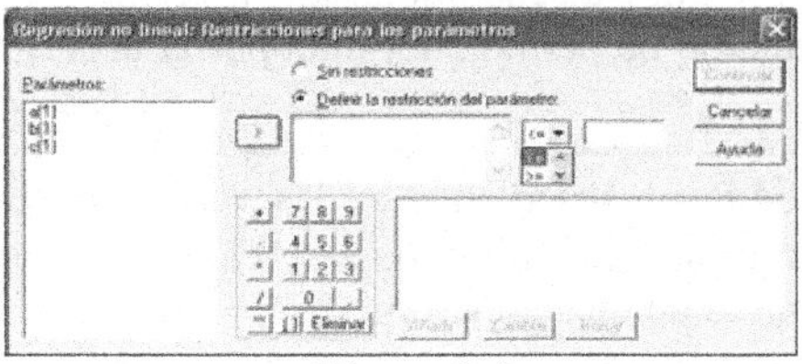

Figura 3-9

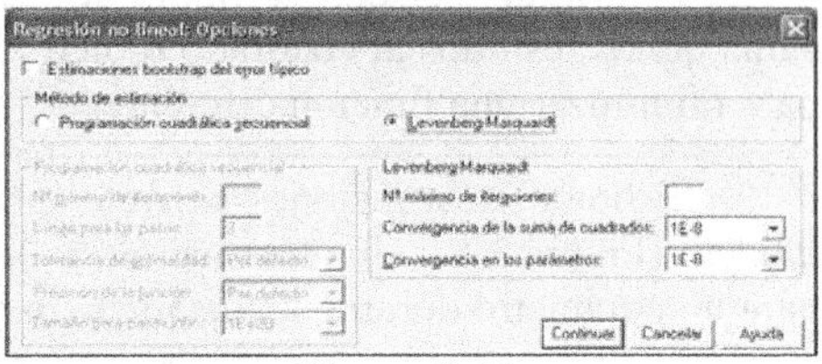

Figura 3-10

Figura 3-11

En el campo *Expresión del modelo* pueden introducirse modelos segmentados (modelos que adquieren diferentes formas en distintas partes de su dominio) usando expresiones de lógica condicional dentro de la declaración única del modelo. Para usar la lógica condicional dentro de la expresión del modelo o de la función de pérdida, debe construirse la suma de una serie de términos, uno para cada condición. Cada término se compone de una expresión lógica (entre paréntesis) multiplicada por la expresión que resultará cuando esa expresión lógica es verdadera. Por ejemplo, considere un ***modelo segmentado*** que sea igual a 0 para $X < = 0$, X para $0 < X < 1$ y 1 para $X > = 1$. La expresión para este ejemplo es: $(X < = 0)*0 + (X > 0 \& X < 1)*X + (X > = 1)*1$. Todas las expresiones lógicas entre paréntesis deben ser evaluables como 1 (verdadero) ó 0 (falso). Así: si $X < = 0$, la anterior se reduce a $1*0 + 0*X + 0*1 = 0$. Si $0 < X < 1$, se reduce a $0*0 + 1*X + 0*1 = X$. Si $X > = 1$, se reduce a $0*0 + 0*X + 1*1 = 1$. Se pueden construir con facilidad ejemplos más complicados reemplazando diferentes expresiones lógicas y expresiones de resultado. Recuerde que las desigualdades dobles, como $0 < X < 1$, deben escribirse como expresiones compuestas, de la forma $(X > 0 \& X < 1)$.

Es posible utilizar variables de cadena dentro de las expresiones lógicas: *(ciudad='Madrid')*costliv + (ciudad='Guadalajara')*0,59*costliv*. Esto da lugar a una expresión (el valor de la variable costliv) para los madrileños y a otra (el 59%

de ese valor) para los habitantes de Guadalajara. Las constantes de cadena deben ir entre comillas o apóstrofos, como se muestra en la sintaxis de este ejemplo.

Si selecciona *Función de pérdida definida por el usuario*, debe definir la función de pérdida cuya suma (en todos los casos) deberá minimizarse por la elección de los valores de los parámetros. La mayoría de las funciones de pérdida incluyen la variable especial *resid_*, que representa el residuo. La función de pérdida por defecto *Suma de los residuos al cuadrado* se podría introducir explícitamente como *resid_**2*. Si tiene que utilizar el valor pronosticado en la función de pérdida, éste es igual a la variable dependiente menos el residuo. Se puede especificar una función de pérdida condicional utilizando la lógica condicional. Puede escribir una expresión en el campo *Función de pérdida definida por el usuario*, o bien pegar en el campo los componentes de la expresión. Las constantes de cadena deben ir entre comillas o apóstrofos y las constantes numéricas deben escribirse en formato americano, con el punto como separador de la parte decimal.

En cuanto a estadísticos, para cada iteración se obtienen estimaciones de los parámetros y suma de cuadrados residual, y para cada modelo se obtiene suma de cuadrados para regresión, residual, total corregido y no corregido, estimaciones de los parámetros, errores típicos asintóticos y matriz de correlaciones asintóticas de estimaciones de los parámetros.

Al pulsar Aceptar en la Figura 3-6 se obtiene la estimación del modelo.

```
All the derivatives will be calculated numerically.

The following new variables are being created:

Name          Label

PRED_         Predicted Values
RESID         Residuals

 Iteration  Residual SS           a            b            c

     1        2,7594E+15  1,00000000  1,00000000  1,00000000
     1.1     2383,394402  -,00428801  ,000001033  1,34745779
     2       2383,394402  -,00428801  ,000001033  1,34745779
     2.1     2383,393755  -,00428163  ,000001033  1,34714622
     3       2383,393755  -,00428163  ,000001033  1,34714622

Run stopped after 5 model evaluations and 3 derivative evaluations.
Iterations have been stopped because the magnitude of the largest correlation
between the residuals and any derivative column is at most RCON = 1,000E-08

Nonlinear Regression Summary Statistics     Dependent Variable consumo

  Source                      DF  Sum of Squares  Mean Square

  Regression                   3    53492,60624    17830,86875
```

```
Residual                 389     2383,39376          6,12698
Uncorrected Total        392     55876,00000

(Corrected Total)        391      6128,40816
```

R squared = 1 - Residual SS / Corrected SS =   ,61109

Parameter	Estimate	Asymptotic Std. Error	Asymptotic 95 % Confidence Interval Lower	Upper
a	**-,004281629**	,001663493	-,007552191	-,001011067
b	**1,03336E-06**	8,11183E-08	8,73873E-07	1,19284E-06
c	**1,347146223**	,066182685	1,217025700	1,477266746

Asymptotic Correlation Matrix of the Parameter Estimates

	a	b	c
a	1,0000	,6357	-,9486
b	,6357	1,0000	-,7639
c	-,9486	-,7639	1,0000

El ajuste se ha realizado en 5 iteraciones, el coeficiente R^2 es superior al 50% y la ecuación del modelo ajustado ha resultado ser la siguiente:

$$consumo = -0{,}00428\ acel^2 + 0{,}00000103\ cv^3 + 1{,}347\ LN(motor)$$

3.7 SAS Y LA ESTIMACIÓN NO LINEAL. PROCEDIMIENTO NLIN

El procedimiento NLIN ajusta modelos no lineales mediante mínimos cuadrados o mínimos cuadrados ponderados. El método de estimación es iterativo mediante los algoritmos de Newton, gradiente, Gass-Newton, Marquardt o falsa posición (DUD). La sintaxis es la siguiente:

PROC NLIN opciones;
MODEL dependiente=expresión;
PARÁMETROS parámetro=valores ,..., parámetro=valores;
BOUNDS desigualdad , ... , desigualdad;
BY variables;
DER.parámetro=expresión;
DER.parámetro.parámetro=expresión;
ID variables;
OUTPUT OUT=conjunto de datos de salida estadísticos = nombres;
CONTROL variable =valores ... variable =valores;

La sentencia BOUNDS restringe los parámetros estimados a las condiciones especificadas. La sentencia BY especifica variables para realizar subgrupos. La sentencia DER especifica primeras o segundas derivadas parciales. La sentencia ID especifica variables adicionales a añadir al conjunto de datos de salida. La sentencia

MODEL define la relación a ajustar entre la variable dependiente y las variables independientes. La sentencia OUTPUT crea el conjunto de datos de salida. La sentencia PARMS identifica parámetros a estimar y sus valores iniciales. La sentencia CONTROL declara variables de control y especifica sus valores.

Las ***opciones de PROC NLIN*** son: DATA=conjunto de datos de entrada, OUTEST=conjunto de datos de salida con estimaciones en las iteraciones, SAVE especifica que al excederse la iteración hay que guardar los resultados BEST=n para que se muestren las sumas de cuadrados de los residuos, METHOD=GAUSS | MARQUARDT | NEWTON | GRADIENT | DUD elige un método iterativo para el ajuste, MAXSUBIT=n, RHO=n, SMETHOD=n y TAU=n controlan el tamaño del paso, G4 y SIGSQ=n especifican detalles de iteración, CONVERGE=c, CONVERGEOBJ=c, CONVERGEPARM=c, SINGULAR=c y MAXITER=c afinan la minimización, HOUGAARD, NOITPRINT y NOPRINT modifican la cantidad de salida, LIST, LISTALL, LISTCODE, LISTDEP, LISTDER y XREF listan la estructura del modelo, FLOW, PRINT y TRACE ofrecen la traza de la ejecución del modelo.

Como ejemplo consideramos un modelo teórico de cinética de enzimas que define la velocidad inicial de una reacción encimática a la concentración de sustrato mediante:

$$f(x,\theta) = \frac{\theta_1 x_i}{\theta_2 + x_i} \qquad i = 1,2,\cdots,n$$

donde x_i representa la cantidad de sustrato para *n* intentos y $f(x,\theta)$ es la velocidad de la reacción.

Supongamos que se quiere estudiar la relación entre concentración y velocidad para un par particular enzima/sustrato registrándose la velocidad de reacción observada en diferentes concentraciones de sustrato.

```
data Enzima;
      input Concentracion Velocidad @@;
      datalines;
   0.26 124.7    0.30 126.9    0.48 135.9    0.50 137.6
   0.54 139.6    0.68 141.1    0.82 142.8    1.14 147.6
   1.28 149.8    1.38 149.4    1.80 153.9    2.30 152.5
   2.44 154.5    2.48 154.7
   ;
proc nlin data=Enzima method=marquardt hougaard;
      parms theta1=155
            theta2=0 to 0.07 by 0.01;
      model  Velocidad   =   theta1*Concentracion   /   (theta2   +
Concentracion);
   run;
```

La salida es la siguiente:

```
              ANOVA efectos principales
                The NLIN Procedure
                    Grid Search
           Dependent Variable Velocidad
                                     Sum of
           theta1        theta2     Squares
            155.0             0      3075.4
            155.0        0.0100      2074.1
            155.0        0.0200      1310.3
            155.0        0.0300       752.0
            155.0        0.0400       371.9
            155.0        0.0500       147.2
            155.0        0.0600     58.1130
            155.0        0.0700     87.9662

                The NLIN Procedure
                  Iterative Phase
           Dependent Variable Velocidad
                 Method: Marquardt
                                          Sum of
      Iter        theta1       theta2    Squares
         0         155.0       0.0600    58.1130
         1         158.0       0.0736    19.7017
         2         158.1       0.0741    19.6606
         3         158.1       0.0741    19.6606
          NOTE: Convergence criterion met.
                Estimation Summary
         Method                      Marquardt
         Iterations                          3
         R                           5.861E-6
         PPC(theta2)                 8.569E-7
         RPC(theta2)                 0.000078
         Object                      2.902E-7
         Objective                   19.66059
         Observations Read                  14
         Observations Used                  14
         Observations Missing                0
```

Source	DF	Sum of Squares	Mean Square	F Value	Approx Pr > F
Regression	2	290116	145058	88537.2	<.0001
Residual	12	19.6606	1.6384		
Uncorrected Total	14	290135			
Corrected Total	13	1269.7			

Parameter	Estimate	Approx Std Error	Approximate 95% Confidence Limits		Skewness
theta1	158.1	0.6737	156.6	159.6	0.0152
theta2	0.0741	0.00313	0.0673	0.0809	0.0362

El modelo estimado resulta ser:

$$\hat{V} = \frac{158.105C}{0.0741 + C}$$

3.8 SAS Y LOS MODELOS DE ECUACIONES SIMULTÁNEAS NO LINEALES: PROCEDIMIENTO MODEL

El procedimiento MODEL permite estimar sistemas de ecuaciones de regresión no lineales mediante mínimos cuadrados ordinarios, 2 etapas, 3 etapas, regresiones aparentemente relacionadas y máxima verosimilitud. También permite simulación de Montecarlo, programación lineal, estimar modelos dinámicos, estimar modelos por tramos y resolver ecuaciones diferenciales ordinarias. Su sintaxis es la siguiente:

PROC MODEL opciones**;**
ABORT;
ARRAY arraynombre variables ...;
ATTRIB variables-lista atributos-lista [variable-lista atributos-lista]**;**
BOUNDS límite1, límite2 ...;
BY variables**;**
CALL nombre [(expresión [, expresión ...])];
CONTROL variable [valor] ...;
DELETE;
DO [*variable = expresión* [TO *expresión*] [BY *expresión*]
[**,** *expresión* **TO** *expresión*] [**BY** *expresión*] ...]
[**WHILE** *expresión*] [**UNTIL** *expresión*];
END;
DROP variable ...;
ENDOGENOUS variable [valores iniciales] ...;
ESTIMATE item [, item ...] [,/ opciones];
EXOGENOUS variable [valores iniciales] ...;
FIT equaciones [**PARMS**=(parámetros valores ...)]
START=***(parámetros values ...)***
[**DROP**=***(parámetross)***] [/ opciones]**;**
FORMAT variables [format] [**DEFAULT** = formato-defecto]**;**
GOTO etiqueta_instrucción;
ID variables**;**
IF expresión;
IF expresión **THEN** instrucción_programación;
ELSE instrucción_programación**;**
variable = expresión;
variable + expresión;
INCLUDE modelo ficheros ...;
INSTRUMENTS [instrumentos] [**_EXOG_**]
[**EXCLUDE**=(parámetros)] [*/ opciones*];
KEEP variable ...;
LABEL variable ='label' ...;

LENGTH variables [**$**] length ... [**DEFAULT**=length]**;**
LINK etiqueta_instrucción;
OUTVARS variable ...;
PARÁMETROSS variable [valor] variable [valor] ...;
PUT print_item ... [@] [@@];
RANGE variable [= first] [**TO** last]**;**
RENOMBRE viejo-nombre =nuevo-nombre ... [viejo-nombre=nuevo-nombre]**;**
RESET opciones**;**
RESTRICT restricción1 [, restricción2 ...];
RETAIN variables valores [variables valores...];
RETURN;
SOLVE variables [**SATISFY=**(ecuaciones)] [/ opciones];
SUBSTR(variable, index, length) = expresión;
SELECT [(expresión)];
OTHERWISE instrucción_programación**;**
STOP;
TEST [**"**nombre**"**] test1 [, test2 ...] [**,**/ opciones];
VAR variable [valores iniciales] ...;
WEIGHT variable**;**
WHEN (expresión) instrucción_programación**;**

La gran variedad de opciones de este procedimiento exige la consulta del manual. No obstante, todas ellas son intuitivas.

Como ejemplo se muestra la estimación de un sistema no lineal de ecuaciones de demanda del consumidor basado en la transformación logarítmica. Se tienen datos de gasto total para tres tipos de bienes y se estima un modelo en el que la proporción de gasto en cada partida depende del logaritmo de los precios y del logaritmo del gasto total mediante las siguientes ecuaciones no lineales:

$$Pg_1 = \frac{a_1 + b_{11}\log(p_1) + b_{12}\log(p_2) + b_{13}\log(p_3)}{-1 + (b_{11} + b_{21} + b_{31})\log(p_1) + (b_{12} + b_{22} + b_{32})\log(p_2) + (b_{13} + b_{23} + b_{33})\log(p_3)}$$

$$Pg_1 = \frac{a_2 + b_{21}\log(p_1) + b_{22}\log(p_2) + b_{23}\log(p_3)}{-1 + (b_{11} + b_{21} + b_{31})\log(p_1) + (b_{12} + b_{22} + b_{32})\log(p_2) + (b_{13} + b_{23} + b_{33})\log(p_3)}$$

Como se trata de un sistema de ecuaciones no lineales usamos el proc MODEL con la sintaxis siguiente:

```
data tlog1;
   input t share1 share2 share3 p1 p2 p3;
```

```
datalines;
  1    0.129      0.493     0.378    1.40406     1.49089     1.39449
  2    0.126      0.499     0.375    1.43488     1.52051     1.52407
  3    0.114      0.522     0.364    1.57969     1.46667     1.65631
  4    0.119      0.511     0.370    1.49961     1.55867     1.92536
  5    0.126      0.509     0.365    2.01051     1.61371     1.78626
  6    0.127      0.497     0.376    1.65436     1.69078     1.70540
  7    0.128      0.495     0.377    1.62652     1.66765     1.61266
  8    0.119      0.514     0.367    1.66980     1.50343     1.47088
  9    0.125      0.499     0.376    1.40209     1.48202     1.45782
 10    0.108      0.523     0.369    1.38906     1.42591     1.51648
 11    0.106      0.538     0.356    1.43997     1.34984     1.46885
 12    0.102      0.544     0.354    1.33201     1.31234     1.42404
 13    0.102      0.540     0.358    1.17398     1.27947     1.33307
 14    0.136      0.471     0.393    1.12215     1.29747     1.22201
 15    0.164      0.535     0.301    1.18175     1.27395     1.13321
 16    0.111      0.532     0.357    1.08195     1.24290     1.10386
 17    0.125      0.503     0.372    1.02606     1.17886     1.04558
 18    0.127      0.497     0.376    1.01399     1.12550     0.95515
 19    0.145      0.458     0.397    1.31784     1.11050     0.89666
 20    0.164      0.492     0.314    1.13912     1.10141     0.89219
 21    0.130      0.492     0.378    0.94897     1.06430     0.92483
 22    0.139      0.472     0.389    1.03611     0.99587     0.88390
 23    0.134      0.483     0.383    0.95167     0.97834     0.84329
 24    0.138      0.475     0.387    0.94553     0.91948     0.82540
 25    0.130      0.486     0.384    0.82124     0.88765     0.84305
 26    0.142      0.467     0.391    0.91700     0.83821     0.81825
 27    0.140      0.471     0.389    0.81815     0.80076     0.80307
 28    0.139      0.473     0.388    0.75771     0.76853     0.78136
 29    0.136      0.481     0.383    0.66028     0.76027     0.77448
 30    0.129      0.483     0.388    0.72626     0.72469     0.74480
 31    0.138      0.476     0.386    0.65864     0.69642     0.73169
 32    0.141      0.470     0.389    0.70983     0.66085     0.70354
 33    0.140      0.471     0.389    0.67501     0.64329     0.68928
 34    0.140      0.472     0.388    0.64815     0.62016     0.67150
 35    0.149      0.443     0.408    0.62117     0.60156     0.65453
 36    0.140      0.472     0.388    0.61053     0.56857     0.62066
 37    0.140      0.471     0.389    0.61021     0.53726     0.58696
 38    0.140      0.472     0.388    0.57732     0.51423     0.55821
 39    0.139      0.474     0.387    0.52595     0.49851     0.54516
 40    0.138      0.476     0.386    0.48673     0.48049     0.52500
 41    0.159      0.483     0.358    0.51146     0.45405     0.49703
 42    0.137      0.478     0.385    0.43755     0.45166     0.49636
 43    0.137      0.478     0.385    0.41167     0.43600     0.49146
 44    0.138      0.475     0.387    0.43348     0.40635     0.46186
 ;
proc model data=tlog1;
    var share1 share2 p1 p2 p3;
    parms a1 a2 b11 b12 b13 b21 b22 b23 b31 b32 b33;
    bm1 = b11 + b21 + b31;
    bm2 = b12 + b22 + b32;
    bm3 = b13 + b23 + b33;
    lp1 = log(p1);
    lp2 = log(p2);
    lp3 = log(p3);
    share1 = ( a1 + b11 * lp1 + b12 * lp2 + b13 * lp3 ) /
             ( -1 + bm1 * lp1 + bm2 * lp2 + bm3 * lp3 );
    share2 = ( a2 + b21 * lp1 + b22 * lp2 + b23 * lp3 ) /
             ( -1 + bm1 * lp1 + bm2 * lp2 + bm3 * lp3 );
    fit share1 share2
        start=( a1 -.14 a2 -.45 b11 .03 b12 .47 b22 .98 b31 .20
                b32 1.11 b33 .71 ) / outsused = smatrix sur;
 run;
```

La salida con el modelo estimado es la siguiente:

```
                              The MODEL Procedure

                                 Model Summary

                           Model Variables          5
                           Parameters              11
                           Equations                2
                           Number of Statements     8

   Model Variables  share1 share2 p1 p2 p3
 Parameters(Value)  a1(-0.14) a2(-0.45) b11(0.03) b12(0.47) b13 b21
                    b22(0.98) b23 b31(0.2) b32(1.11) b33(0.71)
         Equations  share1 share2
                         The 2 Equations to Estimate

          share1 =  F(a1, b11, b12, b13, b21, b22, b23, b31, b32, b33)
          share2 =  F(a2, b11, b12, b13, b21, b22, b23, b31, b32, b33)

NOTE: At SUR Iteration 2 CONVERGE=0.001 Criteria Met.

                              The MODEL Procedure
                            SUR Estimation Summary

                               Data Set Options

                             DATA=          TLOG1
                             OUTSUSED=      SMATRIX


                             Minimization Summary

                       Parameters Estimated            11
                       Method                       Gauss
                       Iterations                       2

                          Final Convergence Criteria

                          R                    0.00016
                          PPC(b11)             0.00116
                          RPC(b11)            0.012106
                          Object              2.921E-6
                          Trace(S)            0.000078
                          Objective Value     1.749312

                            Observations Processed
                                 Read      44
                                 Solved    44
```

Nonlinear SUR Summary of Residual Errors

Equation	DF Model	DF Error	SSE	MSE	Root MSE	R-Square	Adj R-Sq
share1	5.5	38.5	0.00166	0.000043	0.00656	0.8067	0.7841
share2	5.5	38.5	0.00135	0.000035	0.00592	0.9445	0.9380

Nonlinear SUR Parameter Estimates

Parameter	**Estimate**	**Approx Std Err**	**t Value**	**Approx Pr > |t|**
a1	**-0.14881**	**0.00225**	**-66.08**	**<.0001**

a2	-0.45776	0.00297	-154.29	<.0001
b11	0.048382	0.0498	0.97	0.3379
b12	0.43655	0.0502	8.70	<.0001
b13	0.248588	0.0516	4.82	<.0001
b21	0.586326	0.2089	2.81	0.0079
b22	0.759776	0.2565	2.96	0.0052
b23	1.303821	0.2328	5.60	<.0001
b31	0.297808	0.1504	1.98	0.0550
b32	0.961551	0.1633	5.89	<.0001
b33	0.8291	0.1556	5.33	<.0001

Number of Observations		Statistics for System	
Used	44	Objective	1.7493
Missing	0	Objective*N	76.9697

Una ventaja importante del proc MODEL es que permite estimar modelos no lineales sin utilizar valores iniciales. Por ejemplo, podemos ajustar el modelo no lineal tratado anteriormente con SYSLIN:

$$f(x,\theta) = \frac{\theta_1 x_i}{\theta_2 + x_i} \qquad i = 1,2,\cdots,n$$

Para ello utilizaremos el proc MODEL directamente sin usar valores iniciales. La sintaxis SAS será la siguiente:

```
data Enzima;
     input Concentracion Velocidad @@;
     datalines;
   0.26 124.7   0.30 126.9   0.48 135.9   0.50 137.6
   0.54 139.6   0.68 141.1   0.82 142.8   1.14 147.6
   1.28 149.8   1.38 149.4   1.80 153.9   2.30 152.5
   2.44 154.5   2.48 154.7
   ;
proc model data=Enzima;
      parms theta1 theta2;
        var Velocidad Concentracion;
      Velocidad   =   theta1*Concentracion   /   (theta2   +
Concentracion);
        fit Velocidad;
   run;
```

A continuación se presenta el modelo estimado.

The MODEL Procedure

Model Summary

Model Variables	2
Parameters	2

```
                          Equations              1
                          Number of Statements   1

                   Model Variables  Velocidad Concentracion
                        Parameters  theta1 theta2
                         Equations  Velocidad

                          The Equation to Estimate is

                        Velocidad =  F(theta1, theta2)
NOTA: Gauss method failed. Switching to Marquardt's method.

             NOTA: At OLS Iteration 21 CONVERGE=0.001 Criteria Met.

                             The MODEL Procedure
                            OLS Estimation Summary

                               Data Set Options

                               DATA=     ENZIMA

                             Minimization Summary

                      Parameters Estimated              2
                      Method                    Marquardt
                      Iterations                       21
                      Subiterations                    25
                      Average Subiterations      1.190476


                          Final Convergence Criteria

                          R                   0.000019
                          PPC(theta2)          2.71E-6
                          RPC(theta2)         0.000241
                          Object              5.062E-6
                          Trace(S)            1.638383
                          Objective Value     1.404328
                          Lambda              0.000378


                            Observations Processed

                                Read       14
                                Solved     14

                             The MODEL Procedure

                  No lineal OLS Resumen de errores residuales
```

Ecuación	Modelo DF	Error DF	SSE	MSE	Raiz MSE	R-cuadrado	R-Sq adj
Velocidad	2	12	19.6606	1.6384	1.2800	0.9845	0.9832

No lineal OLS Parameter Estimadores

Parameter	Estimador	Err std aprox	Valor t	Aprox Pr > |t|
theta1	158.1046	0.6737	234.67	<.0001
theta2	0.07413	0.00313	23.69	<.0001

Número de observaciones		Estadísticos para el sistema	
Used	14	Objective	1.4043
Missing	0	Objective*N	19.6606

El modelo estimado resulta ser:

$$\hat{V} = \frac{158.105C}{0.0741 + C}$$

El resultado coincide con el del proc SYLIN

Mediante el proc MODEL también es posible ***estimar modelos segmentados***. Como ejemplo estimamos el modelo siguiente:

$$y = \begin{cases} x_0 = b/2c \\ a + bx + cx^2 & si \quad x < x_0 \\ a + bx_0 + cx_0^2 & en\ otro\ caso \end{cases}$$

La sintaxis adecuada es la siguiente:

```
data a;
input y x @@;
datalines;
.46 1 .47 2 .57 3 .61 4 .62 5 .68 6 .69 7 .78 8 .70 9 .74 10
.77 11 .78 12 .74 13 .80 13 .80 15 .78 16
;
proc model data=a;
x0 = -.5 * b / c;
if x < x0 then y = a + b*x + c*x*x;
else y = a + b*x0 + c*x0*x0;
fit y
start=( a .45 b .5 c -.0025 );
estimate 'Join point' x0 , 'plateau' a + b*x0 + c*x0**2 ;
run;
```

La salida es la siguiente:

The MODEL Procedure

No lineal OLS Resumen de errores residuales

Ecuación	Modelo DF	Error DF	SSE	MSE	Raiz MSE	R-cuadrado	R-Sq adj
y	3	13	0.0101	0.000774	0.0278	0.9462	0.9379

No lineal OLS Parameter Estimadores

Parameter	Estimador	Err std aprox	Valor t	Aprox Pr > |t|
b	0.060447	0.00842	7.18	<.0001
c	-0.00237	0.000551	-4.30	0.0009
a	0.392151	0.0267	14.70	<.0001

No lineal OLS Estimadores

Term	Estimador	Err std aprox	Valor t	Aprox Pr > |t|	Etiqueta
Join point	12.7504	1.2785	9.97	<.0001	x0
plateau	0.777516	0.0123	63.10	<.0001	a + b*x0 + c*x0**2

Número de observaciones		Estadísticos para el sistema	
Used	16	Objective	0.000629
Missing	0	Objective*N	0.0101

3.9 EVIEWS Y LOS MODELOS DE ECUACIONES NO LINEALES

Eviews permite estimar modelos no lineales sencillamente utilizando *Quick → Estimate Equation* (Figura 3-12) e introduciendo en la pantalla *Specification* la ecuación del modelo (Figura 3-13). Al hacer clic en *Aceptar* se obtiene la estimación pedida (Figura 3-14).

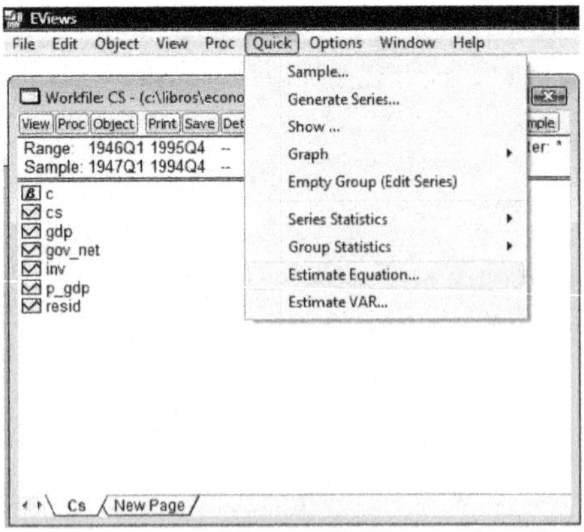

Figura 3-12

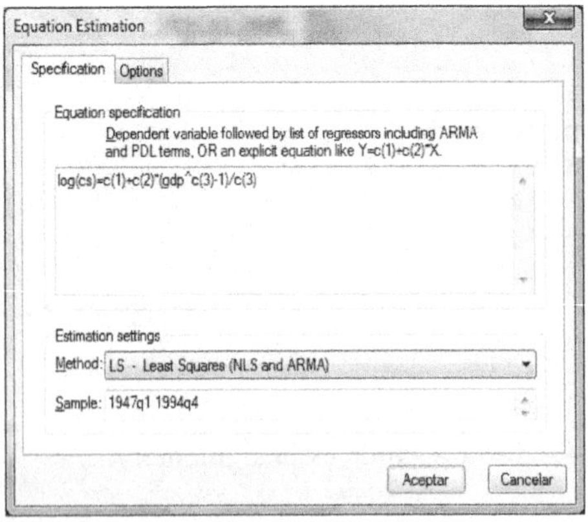

Figura 3-13

Equation: UNTITLED Workfile: CS::Cs\

View | Proc | Object | Print | Name | Freeze | Estimate | Forecast | Stats | Resids

Dependent Variable: LOG(CS)
Method: Least Squares
Date: 04/01/08 Time: 07:29
Sample: 1947Q1 1994Q4
Included observations: 192
Convergence achieved after 252 iterations
LOG(CS)=C(1)+C(2)*(GDP^C(3)-1)/C(3)

	Coefficient	Std. Error	t-Statistic	Prob.
C(1)	2.839332	0.281733	10.07810	0.0000
C(2)	0.259119	0.041680	6.216832	0.0000
C(3)	0.182315	0.020335	8.965476	0.0000

R-squared	0.997260	Mean dependent var	7.472280
Adjusted R-squared	0.997231	S.D. dependent var	0.463744
S.E. of regression	0.024403	Akaike info criterion	-4.572707
Sum squared resid	0.112552	Schwarz criterion	-4.521808
Log likelihood	441.9798	Durbin-Watson stat	0.136871

Figura 3-14

El modelo estimado, con parámetros muy significativos, resulta ser:

$$Log(CS) = 2{,}839332 + 0{,}259119\,\frac{GDP^{0{,}282315}}{0{,}282315}$$

3.10 STATA Y LOS MODELOS DE ECUACIONES NO LINEALES

STATA dispone de la sentencia *nl* que permite estimar modelos con ecuaciones no lineales. Su sintaxis básica es la siguiente:

nl ecuación del modelo, opciones

Ente las opciones más interesantes se encuentran *variables(lista_ variables)* para especificar las variables en el modelo, *initial(valores_iniciales)* para dar valores iniciales a los parámetros del modelo, *parameters(lista_parámetros)* para especificar los parámetros en el modelo, *nparameters(n)* para especificar que hay *n* parámetros en el modelo, *noconstant* para ajustar el modelo sin constante, *hasconstant(nombre)* para identificar el término constante del modelo, *robust* para estimar en presencia de heteroscedasticidad, *level(n)* sitúa el nivel de confianza en *n*, *eps(n)* para especificar el criterio de convergencia y *delta(n)* que especifica *n* para computar derivadas.

Como ejemplo, con los datos del fichero *production.dta*, estimamos la función de producción CES siguiente:

$$\ln Q_i = \beta_0 - \frac{1}{\rho}\ln\left\{\delta K_i^{-\rho} + (1-\delta)L_i^{-\rho}\right\} + \varepsilon_i$$

La solución es la siguiente:

```
. use production
. nl (lnoutput = {b0} - 1/{rho=1}*ln({delta=0.5}*capital^(-1*{rho})
+(1-{delta})*labor^(-1*{rho})))
(obs = 100)

Iteration 0:  residual SS =  1407.299
Iteration 1:  residual SS =  29.38631
Iteration 2:  residual SS =  29.36637
Iteration 3:  residual SS =  29.36583
Iteration 4:  residual SS =  29.36581
Iteration 5:  residual SS =  29.36581
Iteration 6:  residual SS =  29.36581
Iteration 7:  residual SS =  29.36581

      Source |       SS       df       MS            Number of obs =       100
-------------+------------------------------         F(  2,     97) =    150.53
       Model |  91.1449924     2  45.5724962         Prob > F      =    0.0000
    Residual |  29.3658055    97  .302740263         R-squared     =    0.7563
-------------+------------------------------         Adj R-squared =    0.7513
       Total |  120.510798    99  1.21728079         Root MSE      =  .5502184
                                                     Res. dev.     =  161.2538
------------------------------------------------------------------------------
    lnoutput |      Coef.   Std. Err.      t    P>|t|     [95% Conf. Interval]
-------------+----------------------------------------------------------------
          b0 |   3.792158    .099682    38.04   0.000     3.594316    3.989999
         rho |   1.386993    .472584     2.93   0.004     .4490443    2.324941
       delta |   .4823616   .0519791     9.28   0.000     .3791975    .5855258
------------------------------------------------------------------------------
* Parameter b0 taken as constant term in model & ANOVA table
  (SEs, P values, CIs, and correlations are asymptotic approximations)
```

Ejercicio 3-1. Consideramos un modelo teórico de cinética de enzimas que define la velocidad inicial v de una reacción encimática a la concentración de sustrato x mediante:

$$v(x,\theta_1,\theta_2) = \frac{\theta_1 x}{\theta_2 + x}$$

donde x representa la cantidad de sustrato y $v(x,\theta_1,\theta_2)$ es la velocidad de la reacción. Supongamos que se quiere estudiar la relación entre concentración y velocidad para un par particular enzima/sustrato registrándose en el archivo 6-4.sav la velocidad de reacción observada en diferentes concentraciones de sustrato. ¿Cuál es la relación adecuada en virtud de los datos recogidos? De ensayos anteriores se sabe que θ_1 varía alrededor de 150 y θ_2 varía alrededor de 1 aproximadamente. Se utilizará SPSS.

Se trata de ajustar a n puntos una función no lineal, por lo que será necesario utilizar la regresión no lineal. Para realizar la regresión no lineal, elija en los menús *Analizar → Regresión → No lineal* (Figura 3-15) y seleccione la variable numérica dependiente V de la lista de variables del archivo de datos de trabajo (Figura 3-16).

Para construir una expresión para el modelo, introduzca la expresión en el campo *Expresión del modelo*. Identifique *Nombre* y *Valor inicial* de cada uno de los parámetros de la expresión del modelo pulsando en *Parámetros* y haga clic en *Añadir* para ir definiendo los parámetros (Figura 3-17). Puede guardar una serie de variables nuevas en el archivo de datos activo mediante el botón *Guardar* (Figura 3-18). En el botón *Pérdida* elija la función de pérdida en regresión no lineal (Figura 3-19), es decir, la función que es minimizada por el algoritmo. Seleccione *Suma* de los residuos al cuadrado para minimizar la suma de los residuos al cuadrado o bien *Función de pérdida definida por el usuario* para minimizar una función diferente. En el botón *Restricciones* no introducimos restricciones en las variables del modelo. En el cuadro de diálogo del botón *Opciones* (Figura 3-20) elegimos el método de *Levenberg-Marquardt* con las opciones por defecto.

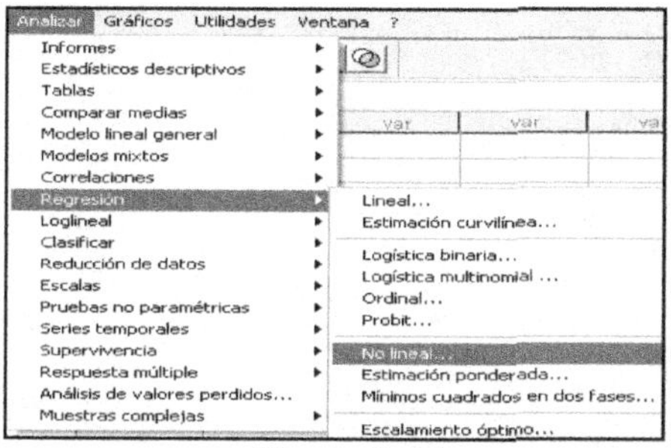

Figura 3-15

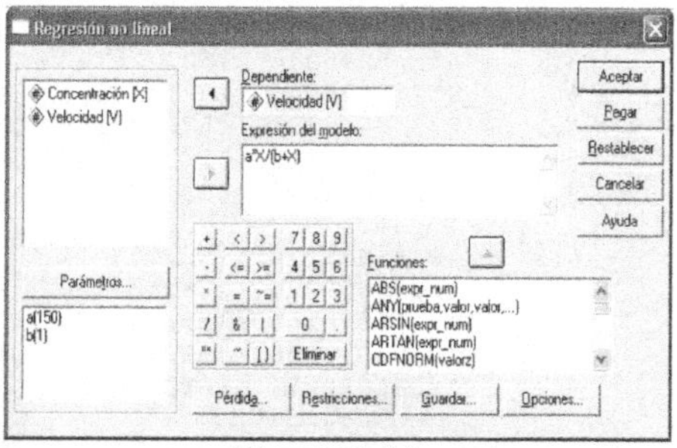

Figura 3-16

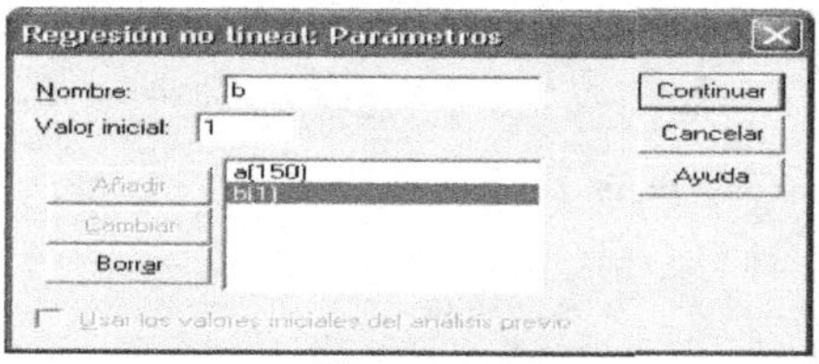

Figura 3-17

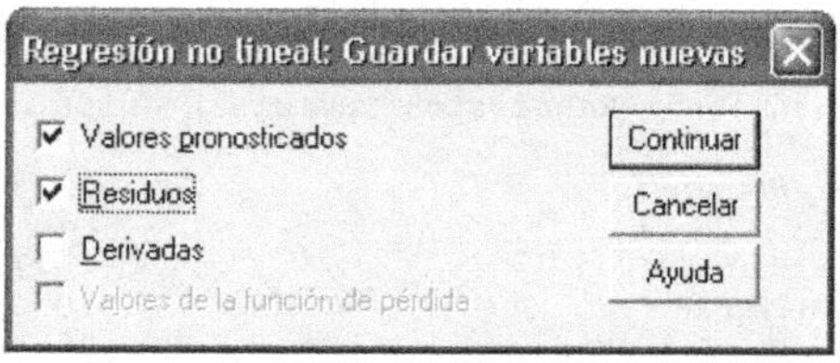

Figura 3-18

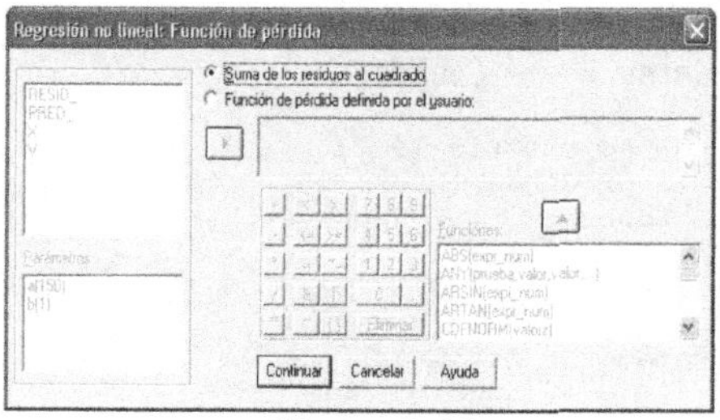

Figura 3-19

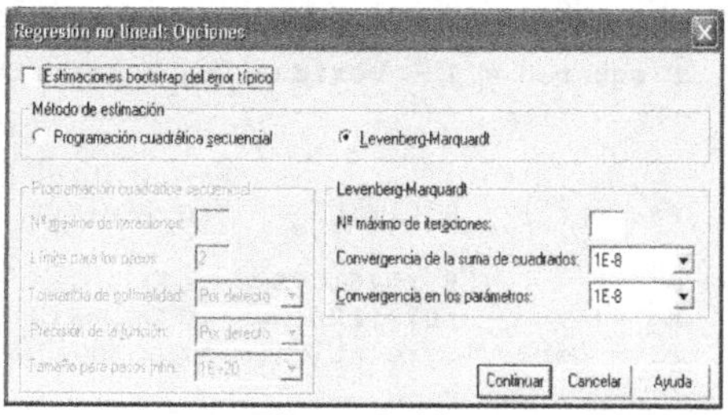

Figura 3-20

Al pulsar *Aceptar* en la Figura 3-16 se obtiene la salida siguiente:

```
All the derivatives will be calculated numerically.

The following new variables are being created:

Name           Label

PRED_       Predicted Values
RESID       Residuals

 Iteration  Residual SS            a            b

     1      75263,74517   150,000000   1,00000000
     1.1    2593650,029   47,8842186   -2,6038510
     1.2    40583,01282   166,471781   ,698870982
     2      40583,01282   166,471781   ,698870982
     2.1    2845,520554   187,533888   ,243339506
     3      2845,520554   187,533888   ,243339506
     3.1    452,6995946   152,728193   ,031902717
     4      452,6995946   152,728193   ,031902717
     4.1    24,10499392   157,538289   ,069497087
     5      24,10499392   157,538289   ,069497087
     5.1    19,66234917   158,090124   ,074030359
     6      19,66234917   158,090124   ,074030359
     6.1    19,66059276   158,104414   ,074128556
     7      19,66059276   158,104414   ,074128556
     7.1    19,66059256   158,104609   ,074129651
     8      19,66059256   158,104609   ,074129651
     8.1    19,66059256   158,104611   ,074129663

Run stopped after 17 model evaluations and 8 derivative evaluations.
Iterations have been stopped because the relative reduction between successive
residual sums of squares is at most SSCON = 1,000E-08

Nonlinear Regression Summary Statistics     Dependent Variable V

  Source                 DF   Sum of Squares   Mean Square

  Regression              2    290115,77941    145057,88970
  Residual               12        19,66059         1,63838
  Uncorrected Total      14    290135,44000

  (Corrected Total)      13      1269,65429

  R squared = 1 - Residual SS / Corrected SS =      ,98452

                                           Asymptotic 95 %
                            Asymptotic   Confidence Interval
  Parameter    Estimate     Std. Error     Lower         Upper

  a         158,10461075   ,673719186 156,63670274 159,57251875
  b            ,074129663  ,003128817   ,067312557   ,080946768
  Asymptotic Correlation Matrix of the Parameter Estimates

                   a         b

  a            1,0000     ,8301
  b             ,8301    1,0000
```

El ajuste se ha realizado en 17 iteraciones, el coeficiente R^2 es muy alto (0,98452) y la ecuación estimada del modelo ajustado ha resultado ser la siguiente:

$$\hat{v}(x) = \frac{158{,}10461075\, x}{0{,}074129663 + x}$$

Ya hemos visto que el ajuste es bueno porque el coeficiente R^2 es muy alto. Adicionalmente representamos los residuos mediante *Gráficos → Secuencia* y rellenando la pantalla de entrada como se indica en la Figura 3-21. La gráfica de la Figura 3-22 muestra que los residuos siguen una evolución aleatoria. También realizamos un histograma residual mediante *Gráficos → Histograma* y rellenando la pantalla de entrada como se indica en la Figura 3-23. La gráfica de la Figura 3-24 muestra que los residuos se aproximan a una normal. Por último graficamos residuos contra valores predichos mediante *Gráficos → Dispersión→ Simple* y rellenando la pantalla de entrada como se indica en la Figura 3-25. La Figura 3-26 muestra una evolución aleatoria.

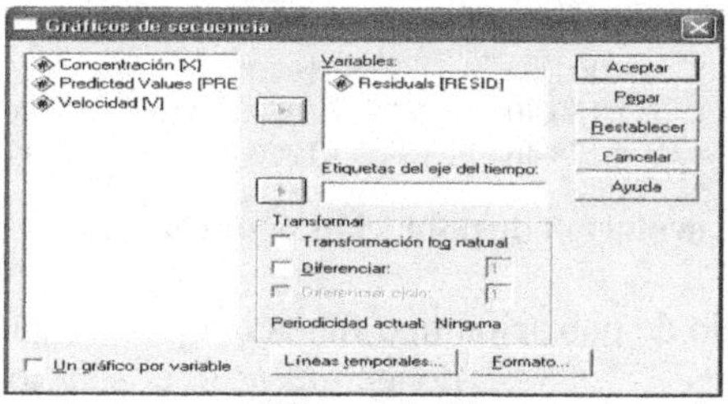

Figura 3-21

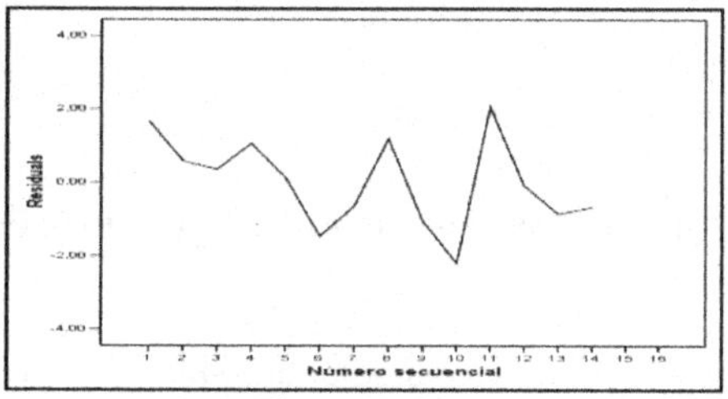

Figura 3-22

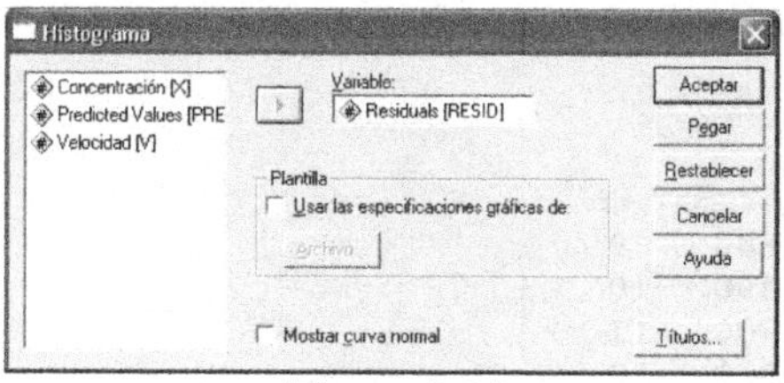

Figura 3-23

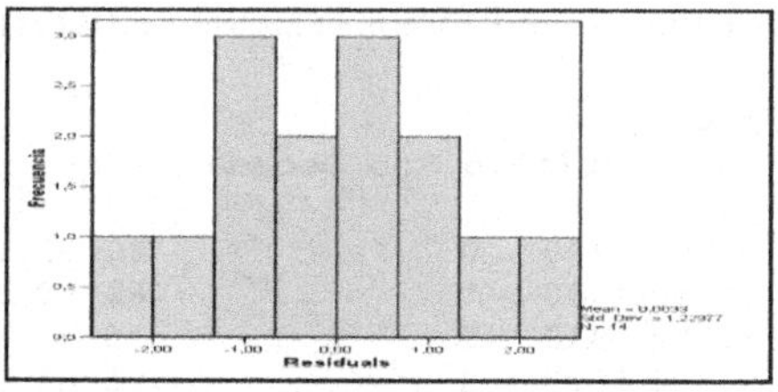

Figura 3-24

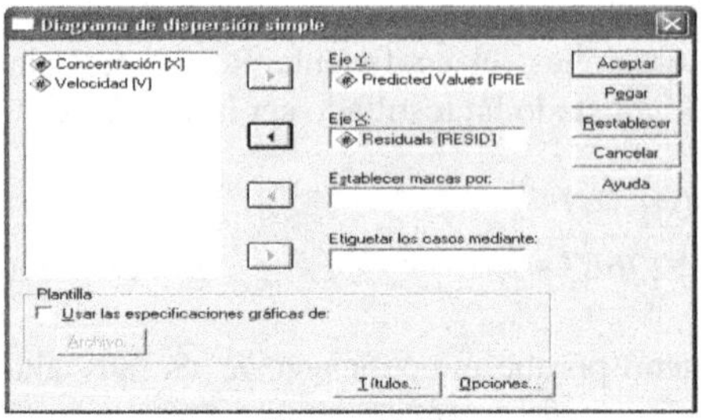

Figura 3-25

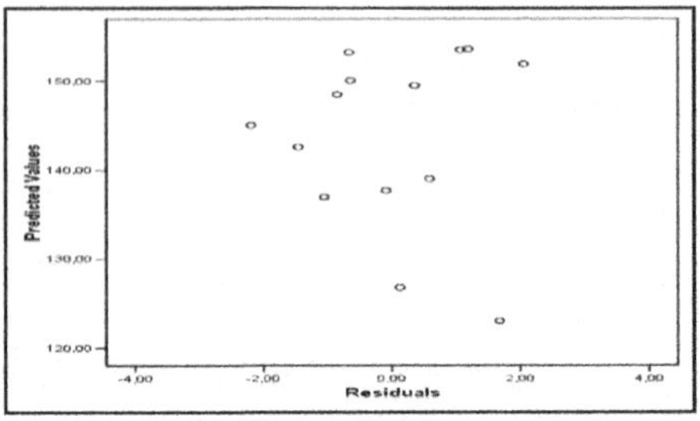

Figura 3-26

Ejercicio 3-2. Consideramos los datos de población de un país en varias décadas:

Población	Año	Década	Población	Año	Década
3,895	1790	0	49,92	1880	9
5,267	1800	1	62,69	1890	10
7,182	1810	2	75,73	1900	11
9,566	1820	3	91,81	1910	12
12,834	1830	4	109,81	1920	13
16,985	1840	5	122,78	1930	14
23,069	1850	6	131,67	1940	15
31,278	1860	7	150,70	1950	16
38,416	1870	8	178,46	1960	17

Ajustar a los datos un modelo adecuado de evolución de población según el tiempo.

Utilizaremos para el ajuste un modelo de población tipo función logística, que puede definirse mediante $poblacio=c/(1+e^{a+b*década})$, donde a, b y c son los parámetros del modelo con valores iniciales a_0=3.9, b_0=-0.3 y c_0=200. Para ajustar este modelo utilizamos la siguiente sintaxis SAS:

```
data datos;
input Poblacio Ano Decada @@;
cards;
 3.895 1790  0           49.92 1880   9
 5.267 1800  1           62.69 1890  10
 7.182 1810  2           75.73 1900  11
 9.566 1820  3           91.81 1910  12
12.834 1830  4          109.81 1920  13
16.985 1840  5          122.78 1930  14
23.069 1850  6          131.67 1940  15
31.278 1860  7          150.70 1950  16
38.416 1870  8          178.46 1960  17
;
proc nlin data=datos;
   parms a0=3.9 b0=-0.3 c0=200;
   model poblacio=c0/(1+exp(a0+b0*decada));
run;
```

Se obtiene la salida siguiente:

```
                    The NLIN Procedure
                     Iterative Phase
                Dependent Variable Poblacio
                  Method: Gauss-Newton

                                                  Sum of
        Iter        a0          b0          c0   Squares
           0    3.9000     -0.3000       200.0     969.6
           1    3.8716     -0.2785       237.5     240.2
           2    3.8901     -0.2791       243.7     186.4
           3    3.8889     -0.2789       244.0     186.4
           4    3.8889     -0.2789       244.0     186.4
           5    3.8889     -0.2789       244.0     186.4

  NOTE: Convergence criterion met.

                    Estimation Summary

           Method                     Gauss-Newton
           Iterations                            5
           R                              1.589E-6
           PPC(c0)                        3.941E-7
           RPC(c0)                        5.377E-6
           Object                         3.89E-10
           Objective                      186.3866
           Observations Read                    18
           Observations Used                    18
           Observations Missing                  0

        NOTE: An intercept was not specified for this model.

                                 Sum of        Mean                Approx
Source                   DF     Squares      Square    F Value    Pr > F

Regression                3      123054     41018.0    3301.04    <.0001
Residual                 15       186.4     12.4258
Uncorrected Total        18      123240

Corrected Total          17     53294.5

                                   Approx
      Parameter      Estimate   Std Error    Approximate 95% Confidence Limits

      a0               3.8889      0.0937      3.6893      4.0886
      b0              -0.2789      0.0156     -0.3121     -0.2456
      c0                244.0     17.9588       205.7       282.3

                   Approximate Correlation Matrix
                           a0              b0              c0

          a0        1.0000000      -0.7245484      -0.3762964
          b0       -0.7245484       1.0000000       0.9042407
          c0       -0.3762964       0.9042407       1.0000000
```

El modelo ajustado será *poblacio*=243,98/(1+$e^{3,86-0,27*década}$). El ajuste global resulta bastante bueno porque el p-valor de la F es menor de una milésima.

Ejercicio 3-3. Se trata de estimar el modelo no lineal:

$$y = \frac{1}{aI_p + b} + c$$

Donde a y b son parámetros. Se utilizarán los datos del fichero citimon que se encuentra en la librería sashelp.

La sintaxis SAS con el proc MODEL sería la siguiente:

```
proc model data=sashelp.citimon;
   lhur = 1/(a * ip + b) + c;
   fit lhur;
   id date;
run;
```

La Salida del ajuste del modelo no lineal es la siguiente:

```
                    The MODEL Procedure

                      Model Summary

                Model Variables          1
                Parameters               3
                ID Variables             1
                Equations                1
                Number of Statements     1

                  Model Variables  LHUR
                       Parameters  a b c
                        Equations  LHUR


               The Equation to Estimate is

                  LHUR =  F(a, b, c(1))


NOTA: At OLS Iteration 10 CONVERGE=0.001 Criteria Met.


                    The MODEL Procedure
                  OLS Estimation Summary

                     Data Set Options

                  DATA=     SASHELP.CITIMON


                  Minimization Summary

            Parameters Estimated           3
```

```
Method                      Gauss
Iterations                     10

   Final Convergence Criteria
   R                  0.000737
   PPC(b)             0.003943
   RPC(b)              0.00968
   Object             4.784E-6
   Trace(S)           0.533325
   Objective Value    0.522214

      Observations Processed
          Read        145
          Solved      145
          Used        144
          Missing       1

         The MODEL Procedure
```

No lineal OLS Resumen de errores residuales

Ecuación	Modelo DF	Error DF	SSE	MSE	Raiz MSE	R-cuadrado	R-Sq adj	Etiqueta
LHUR	3	141	75.1989	0.5333	0.7303	0.7472	0.7436	UNEMPLOYMENT RATE: ALL WORKERS, 16 YEARS

No lineal OLS Parameter Estimadores

Parameter	Estimador	Err std aprox	Valor t	Aprox Pr > |t|
a	0.009046	0.00343	2.63	0.0094
b	-0.57059	0.2617	-2.18	0.0309
c	3.337151	0.7297	4.57	<.0001

Número de observaciones		Estadísticos para el sistema	
Used	144	Objective	0.5222
Missing	1	Objective*N	75.1989

La ecuación ajustada del modelo, con buena significatividad de los parámetros (p-valores pequeños), queda como sigue:

$$y = \frac{1}{0{,}009046 I_p - 0{,}57059} + 3{,}337151$$

Ejercicio 3-4. En este ejercicio se considera el modelo no lineal de Bodkin y Klein utilizado para explicar la producción g en Estados Unidos. La variable z_1 es el input de capital, z_2 es el input de trabajo, z_3 es el output real, z_4 es el tiempo años con base en 1929 y z_5 es el precio de los servicios de capital. Ajustar el modelo de dos ecuaciones a los datos especificados en el problema por el método de máxima verosimilitud completa.

El modelo tiene las ecuaciones siguientes:

$$g_1 = c_1 10^{c_2 z_4}(c_5 z_1^{-c_4} + (1-c_5) z_2^{-c_4})^{-c_3/c_4} - z_3 = 0$$
$$g_2 = [c_5/(1-c_5)](z_1/z_2)^{(-1-c_4)} - z_5 = 0$$

Como estamos ante un sistema de dos ecuaciones no lineales, utilizaremos el procedimiento MODEL de SAS mediante la sintaxis siguiente:

```
data bodkin;
     input z1 z2 z3 z4 z5;
   datalines;
   1.33135 0.64629 0.4026 -20 0.24447
   1.39235 0.66302 0.4084 -19 0.23454
   1.41640 0.65272 0.4223 -18 0.23206
   1.48773 0.67318 0.4389 -17 0.22291
   1.51015 0.67720 0.4605 -16 0.22487
   1.43385 0.65175 0.4445 -15 0.21879
   1.48188 0.65570 0.4387 -14 0.23203
   1.67115 0.71417 0.4999 -13 0.23828
   1.71327 0.77524 0.5264 -12 0.26571
   1.76412 0.79465 0.5793 -11 0.23410
   1.76869 0.71607 0.5492 -10 0.22181
   1.80776 0.70068 0.5052  -9 0.18157
   1.54947 0.60764 0.4679  -8 0.22931
   1.66933 0.67041 0.5283  -7 0.20595
   1.93377 0.74091 0.5994  -6 0.19472
   1.95460 0.71336 0.5964  -5 0.17981
   2.11198 0.75159 0.6554  -4 0.18010
   2.26266 0.78838 0.6851  -3 0.16933
   2.33228 0.79600 0.6933  -2 0.16279
   2.43980 0.80788 0.7061  -1 0.16906
   2.58714 0.84547 0.7567   0 0.16239
   2.54865 0.77232 0.6796   1 0.16103
   2.26042 0.67880 0.6136   2 0.14456
   1.91974 0.58529 0.5145   3 0.20079
   1.80000 0.58065 0.5046   4 0.18307
   1.86020 0.62007 0.5711   5 0.18352
   1.88201 0.65575 0.6184   6 0.18847
   1.97018 0.72433 0.7113   7 0.20415
   2.08232 0.76838 0.7461   8 0.18847
   1.94062 0.69806 0.6981   9 0.17800
   1.98646 0.74679 0.7722  10 0.19979
   2.07987 0.79083 0.8557  11 0.21115
   2.28232 0.88462 0.9925  12 0.23453
   2.52779 0.95750 1.0877  13 0.20937
   2.62747 1.00285 1.1834  14 0.19843
   2.61235 0.99329 1.2565  15 0.18898
   2.52320 0.94857 1.2293  16 0.17203
```

```
2.44632 0.97853 1.1889  17 0.18140
2.56478 1.02591 1.2249  18 0.19431
2.64588 1.03760 1.2669  19 0.19492
2.69105 0.99669 1.2708  20 0.17912
;
proc model data=bodkin;
    parms c1-c5;
    endogenous z1 z2;
    exogenous z3 z4 z5;

    eq.g1 = c1 * 10 **(c2 * z4) * (c5*z1**(-c4)+
            (1-c5)*z2**(-c4))**(-c3/c4) - z3;
    eq.g2 = (c5/(1-c5))*(z1/z2)**(-1-c4) -z5;

    fit g1 g2 / fiml ;
run;
```

La salida es la siguiente:

```
                         MODEL Procedure

                          Model Summary

                   Model Variables         5
                   Endogenous              2
                   Exogenous               3
                   Parameters              5
                   Equations               2
                   Number of Statements    2


                Model Variables  z1 z2 z3 z4 z5
                     Parameters  c1 c2 c3 c4 c5
                      Equations  g1 g2
NOTA: The parameter c4 is shared by all 2 of the equations to be estimated.
NOTA: The parameter c5 is shared by all 2 of the equations to be estimated.


                    The 2 Equations to Estimate

                    g1 =  F(c1, c2, c3, c4, c5)
                    g2 =  F(c4, c5)


          NOTA: At FIML Iteration 7 CONVERGE=0.001 Criteria Met.
                         The MODEL Procedure
                       FIML Estimation Summary

                          Data Set Options

                          DATA=    BODKIN


                        Minimization Summary

                  Parameters Estimated          5
                  Method                    Gauss
```

Hessian	GLS
Covariance Estimator	Cross
Iterations	7

Final Convergence Criteria

R	0.000729
PPC(c4)	0.001693
RPC(c4)	0.003906
Object	2.003E-6
Trace(S)	0.001712
Gradient norm	0.003125
Log likelihood	110.7773

Observations Processed

Read	41
Solved	41

No lineal FIML Resumen de errores residuales

Ecuación	Modelo DF	Error DF	SSE	MSE	Raíz MSE	R-cuadrado	R-Sq adj
g1	4	37	0.0529	0.00143	0.0378		
g2	1	40	0.0173	0.000431	0.0208		

No lineal FIML Parameter Estimadores

Parameter	Estimación	Err std aprox	Valor t	Aprox Pr > |t|
c1	0.58395	0.0218	26.76	<.0001
c2	0.005877	0.000673	8.74	<.0001
c3	1.3636	0.1148	11.87	<.0001
c4	0.473688	0.2699	1.75	0.0873
c5	0.446748	0.0596	7.49	<.0001

Número de observaciones		Estadísticos para el sistema	
Used	41	Log Likelihood	110.7773

Se observa que los parámetros estimados son muy significativos con p-valores muy pequeños, con lo que el modelo se ha ajustado muy bien.

Made in United States
North Haven, CT
04 November 2026

21774404R00095